19세기 지중해의 풍경

19세기 지중해의 풍경

리처드 하딩 데이비스 지음
최자영·최혜영·임병필·장니나 옮김

안티쿠스
ANTIQUUS

일러두기

1. 이 책의 원제는 『지중해의 지배자들(The Rulers of the Mediterranean)』이다.
2. 이 책의 원저는 1894년 미국 뉴욕 하퍼스브로더 출판사(HAPPER & BROTHERS PUBLISHERS)에서 출판된 책을 옮긴 것이다.
3. 각 장의 번역은 1장-최자영, 2장-최자영, 3장-최자영·장니나 4장-최자영·임병필, 5장-최자영, 6장- 최혜영, 7장-최혜영이 담당하였다.
4. 각 장에 실린 사진의 대부분은 해당 부분을 담당한 옮긴이가 직접 촬영한 것으로 일일이 밝히지는 않았다.
5. 부록으로 원서에 실려 있는 사진을 수록함으로써 19세기 지중해의 풍경을 감상할 수 있도록 하였다.

이 책은 2007년도 정부의 재원으로 한국연구재단의 지원을 받아 수행된 연구(NRP-2007-362-A0021)입니다.

Contents

I
지브롤터의 바위

대부분의 관광객들이 그렇듯이, 당신이 항상 봄철이나 여름에 대서양을 건너곤 하다가 겨울에 뉴욕을 떠나게 된다면, 지중해의 여름 해변으로 즐거운 여행을 떠나는 것이라기보다 북극으로 구조원정을 가는 것 같다는 것을 깨닫게 될 것이다.

스태튼섬[1]의 언덕에는 풀이라고는 보이지 않고, 대신에 허드슨강을 따라 긴 빙원氷原이 뻗어 있고, 또 바람은 얼굴을 시리게 하고 몇 겹의 얼음층들 위에 떠있는 예인선 위로 물보라를 날려서 케이크 위에 얼음을 뿌려놓은 것 같은 모습을 연출한다. 대서양을 끼고 있는 고지는 앙상한 가지들로 거무스름하고 눈으로 하얗게 덮여있다. 그리고 당신은 배를 타고 바다를 향해 내려가는 사람들이 따뜻한 벽난로에 대해서

1) 뉴욕만 안의 섬.

지중해, 스페인 지브롤터 앞바다

아무 것도 아는 것이 없음을 처음으로 깨닫게 될 것이다. 갑판 위로 차가운 칼바람이 선임하사관이나 할 수 있는 것처럼 갑판을 깨끗하게 치운다. 그리고 그 이전에 길가나 들판에서 항상 마주쳐왔던 것 같은 갑작스러운 눈보라가 뱃전을 넘어 몰려들어, 목재를 적시고 미끄럽게 만들고 만지면 차가움을 느끼도록 한다.

그리고 사나흘째가 되면 바다가 고요해지고, 당신의 외투는 안감을 덧붙인 것 같이 둔하게 보일 것이다. 밤에 승선한 것이 분명한 낯선 사람들은 위험을 무릅쓰고 햇빛 비치는 갑판 위로 올라가서 갑판 의자와 버려진 깔개를 찾아다닌다.

뉴욕에서 제노바로 가는 이 작은 배들은, 이중 추진기와 500개 객실을 가진 거대한 북대서양의 배들과는 다르다. 이것은 마치 가족 하숙집이 브로드웨이 호텔과 다른 것과 같다. 그런 것은 대개 영국 깃발 대신 독일 깃발을 달고 항해를 하기 때문이기도 하다. 그곳에는 — 금으로 된 레이스 장식을 한 주교 같은 — 영국 선장 만큼 중요한 사람은 아무도 없다. 그러나 독일 선장은 그의 승객들을 한 대규모의 행복한 가족처럼 생각하고, 승객들이 자신의 새로운 가족을 좋아하거나 않거나 아랑곳없이 그들에게 그렇게 대한다. '풀다' 선船의 승선 규칙에 따르면 승무원은 전함과 같이 고하高下를 막론하고 그 규제를 받았으나, 승객들은 개인 요트에 탄 것 같이 편안했을 수도 있다.

거기에는 조식, 만찬, 그리고 차茶에 동반되는 음악이 있었다. 트롬본 연주자의 손가락이 얼고, 큰 북의 탱탱한 표면 위로 눈이 떨어질 때의 음악, 그리고 우리에게 일요일임을 알리는 새벽의 음악으로 당신은 예배당에 있는 것 같은 느낌 속에 잠을 깬다. 무도회도 있었고, 선장은 개회 행진을 주도하고 승무원들은 군데군데 서서 승객들이 줄을 맞추어 섰는지, 보살피고 또 행렬에서 벗어나려고 하는 이들을 '한데로 모았다.' 줄곧 연설과 강연회, 그리고 종교적인 예배가 있었고, 마지막 날 밤에는 요리사가 캔디로 만든 거대한 자유 여신상이 라인강을 바라보는 다른 상징적 여인을 내려다 보며 미소를 짓는 모습이 큰 성공을 거두었고, 악단은 '딕시'2)를 연주했는데, 이 곡은 애국가愛國歌였다고 한다. 그리고 독일 황제의 초상화는 그 친필 너머에서 우리를 향해 미소짓고 있었다. 이 모든 것들이 다 흥미로운데, 그것이 독일인의 특징을 보여주기 때문이다. 그것은 작은 것에 대한 그들의 천진난만한 기쁨, 또 크리스마스트리 주변에서 추는 프랑스의 '불렛 댄스(탄환의 춤)'를 피하

2) Dixie: 남북 전쟁 때 유행한, 남부를 찬양한 노래로 1859년 다니엘 다케이터 에밋(D.D. Emmett) 작.

려 하지 않는 독일 병사의 단순성을 보여주었기 때문이다. 미국인 혹은 영국인은 이런 일을 하지 않는다. 왜냐하면 그들은 어리석음에 대해 아주 민감해서, 놀림을 당할까봐 신경을 쓰기 때문이다. 그래서 바다로 나갈 때는 포커를 하고 (네 명씩 두 패로 나눠어) 옥션 브리지 카드놀이를 한다.

그곳에 음악 듣기를 싫어하는 승객이 딱 한 명 있었다. 그는 디트로이트 사람이었는데, 처음 사흘 동안은 미라같이 갑판 의자에 꼼짝하지 않고 앉아서, 파란 코와 감은 눈꺼풀 밖에 보이지 않았다. 밴드가 갑판 한 쪽 끝에서 연주를 했으며, 연주자들의 손가락이 얼어붙고 배가 갑자기 흔들리게 되면 때로 화음이 깨어졌다. 음악에 일가견이 있는 사람들은 갑판 의자를 들고는 바람 부는 쪽으로 자리를 옮겨버렸다. 그러나 이 젊은이는 반죽은 듯이 그 자리에 들러붙어서(음악을 피해) 자신을 구하려는 기미가 보이지 않았다.

나흘째 되던 날, 콘서트가 끝나고 악단이 몸을 녹이러 가고 난 다음, 갑자기 그 젊은이가 몸을 곧추 세우고 앉아서 집게손가락으로 놀란 승객들을 가리키는 것이었다. 우리는 그가 죽었다고 생각했는데 말이다. "신은 내가 아픈 것을 알고 있다." 그는 힘없이 눈을 깜박이면서 말했다. "그러나 만약 내가 자정까지 살아있다면 그들이 트럼펫을 숨기는 장소를 찾아내서는, 내가 죽을때 그것을 멕시코 만류(Gulf Stream: 멕시코만에서 미국 동부연안을 따라 북상하여 북대서양 해류로 이행하는 난류) 속에 던져버릴 것이다." 그런 다음 그는 뒤로 나가자빠졌고 우리가 지브롤터 해협에 도달할 때까지 다시 말이 없었다.

생필품을 공급받는 데 있어서는 다른 무엇도 대신할 수 없는 땅을 구경하지 못한 지 일주일만에, 육지의 모습 같은 것이 나타났다. 흥미로운 것은 그곳 지명이나, 혹은 그곳이 지도상 붉은색인지 연한청색인지, 또 그곳이 왕에 의해 지배되는지 아니면 식민지 총독에 의해 지배되는지 하는 것은 아무런 의미가 없다는 사실이다. 그저 육지라는 사실만으로 족하다. 이 사실은 뉴욕항으로 들어설 때, 갑판 선실에서 올라온 한 젊은이에 의해 더욱 내게 각인되었다. 다른 승객들은 이미 알고 있는 것이었으나, 그때서야 그는 우리가 만灣 안쪽에 있다는 사실을 깨닫고는 안도와 기쁨의 환호성을 질렀다. 그는 서쪽을 가리키면서 "저것이 스테튼섬이고," 또 동쪽을 가리키며, "저것은 육지다"라고 외쳤다.

당신이 지브롤터 해협을 향해 가는 길에 맨 처음 보는 육지는 "아조레스 군도"이다. 그곳은 화산이 있는 산지이며, 보트로 지나가면 하루하고도 반나절이 더 걸린다. 그러나, 이들 섬의 가장 멋진 모습을 보기 위해서는 우리가 새벽에 일어나야만 하는 불편이 있으므로, 이들 섬이 남쪽으로 200마일 정도 더 이동할 수만 있다면 더 좋아졌을 것이다. 이 무렵 이곳은 굉장히 더워서, 당신이 뉴욕에서 입었던 옷들이 야만시대의 구닥다리처럼 보일 것이고, 무겁고 거추장스러운 것이 되어서 당신의 짐 가방에 무익하게 공간을 차지하게 될 것이다.

그런 다음 사람들이 또 땅이 보인다고 말하고, 그것이 포르투갈이라는 것을 알게 될 즈음이면 그것은 유럽의 일부이며, 화산에 의해 떨어져 나오거나 본토의 계류지에서 일탈한 한 섬이 아니라는 것을 깨닫게 되고, 당신은 실로 집에서 얼마나 멀리 떠나왔는지를 깨닫게 된다. 포르투갈은 붉고 높은 언덕으로 되어있고, 둥근 하얀 탑 꼭대기에는 상징의 깃발들이 나부낀다. 사람이 깃발들을 정리하는 것이 이곳의 주요

포르투갈 아조레스 군도의 테르세이라섬 분화구의 목초지

산업이다. 그런 정도로 이곳은 대체로 변변찮은 나라이다.

곧 사람들이 모두 모여서 명함을 교환하기 시작한다. 지브롤터에서 내리는 사람들 뒤로 승무원, 악장樂長들, 그리고 서명받을 추천장을 든 젊은이들이 따르고, 또 정신이 혼미해진 사람들도 있었는데, 이들은 항해로 11시간 걸리는 제노바가 아니라 이곳에 내려 탕헤르로 가려 하면서 당신이 자신들을 도와주기를 원한다. 당신 생각에 탕헤르에서 가장 가치 있는 것, 볼거리는 도대체 무엇인가? 그러나 당신이 무엇을 보게 될 것인지를 자신도 말할 수가 없다.

어제 저녁 내가 갑판을 떠날 때 별들이 온 하늘에 가득했다. 그리고 천천히 옆으로 이리저리 움직이는 앞 돛대는 흔들리는 검은 진자처럼 하늘을 가르고 별들을 구획했다. 내가 잠을 깼을 때 삐걱거리는 사슬 소리가 요란하게 들려왔다. 헌 창 너머로 수백 개의 불빛과 거리, 두 줄로 늘어선 등불이 보였는데, 당신은 아마도 밤사이 배가 도시 한 복판으로 좌초한 것이라 생각했을 것이다.

내 생각에, 지브롤터의 첫 인상은 별로이다. 그렇게 양적, 수적으로 많은 인력이 투여되었고, 수많은 선박들이 대포에 의해 격침되었으며, 수 마일에 불과한 바위를 위해 강대국들이 1200년 동안 싸워왔으므로, 하늘을 배경으로 사라지는 별들을 제외하고는 견주어 볼 것이 없는 그 검은 윤곽은 왜소하고 누추하다. 해가 떠오름에 불빛이 사라지고, 그래서 그 바위를 기지에 있는 거대한 배들과 비교해볼 수 있으며, 흉벽과 대포의 포문, 그리고 정상에 머무는 구름들을 본 연후에야, 당신은 그것을 알게 된다. 온 유럽을 향해있는 웅크린 사자의 윤곽이 부각되어 오면, 당신은, 그것이 영국이 열쇠를 가지고 있는 이른바, 세상 사람들이 말하는, 지중해의 자물쇠라는 사실을 깨닫게 될 것이다. 당신이 이런 사실을 감지하고, 휑한 공간의 물에 지친 눈으로 연이은 성벽과 지층을 게걸스레 훑어보는 그 순간에, 일출의 붉은 하늘 직전의 푸른 구름처럼 낮게 엎드린 형체가 보인다. 어둑하고 섬뜩하고 신비로운 낮은 윤곽의 산들이 나타나고, 그 때 당신은 이곳이 아프리카라는 사실을 알게 된다.

우측에 위치하여 온통 초록색과 자수정색, 그리고 하얀 집과 붉은 지붕으로 경쾌한 스페인과, 흉벽과 전쟁의 냉혹한 그림자가 서린 지브롤터는 그리 중요한 것이 아니다. 당신은 이런 것들을 언제나 알고 있으며, 나름의 상상을 통해 그 모습에 대해서도 일가견이 있다고 생각한다. 그럼에도 바다 건너편에 있는 이 이방의 나라는 그 상징의 스핑크스 만큼이나 난해하고 어둑하고 고요하게 보이며, '헤라클레스의 기둥'이 여전히 '미지의 세계'로 들어가는 입구라는 사실을 깨닫게 된다.

처음 지브롤터를 방문하는 이들 중 열에 아홉은 그곳이 섬인 것으로 생각한다. 그런 것에 틀림이 없고, 또 반 마일 넓이와 반 마일 길이의 길쭉한 평지의 잔디밭이 그것을 양지 바르고 푸른 스페인의 구릉들로 연결시켜 주고 있는 것으로 말이다. 사람들이 '중립지대'라고 부르는 이 한 조각 땅이 없었다면, 지브롤터는 섬이 되었을 것이다. 왜냐하면 지브롤터는 동쪽으로 지중해의 만이 있고, 그 너머 서쪽으로 스페인의 구릉들이 있으며, 남쪽으로는 14마일 떨어진 바다 건너 아프리카가 희미하게 보인다.

지브롤터는 13번이나 포위 공격을 받았다. 무어인, 스페인인, 다시 무어인, 그리고 다시 스페인인과 싸우는 스페인인에 의해서였다. 스페인에서 두 개 집단 간에 벌어진 전쟁들 가운데 하나였던 1704년 전쟁에서, 영국은 그 중 한 쪽을 도우면서 이 지브롤터를 장악했고, 그곳이 너무 마음에 들어서 그곳에 정착하게 되고 그 후 줄곧 그곳에 머물게 되었다.

그 점령지가 법적으로 9개 지점이라해도, 세계사에서 분명히 9개 지점으로 구성된 한 지역은 존재하지 않았다. 영국인이 지브롤터를 장악한 다음 3번의 공격이 더 있었는데, 그 중 맨 마지막 것은 4년간 계속되었다. 당시 영국은 아메리카(미국)와 싸우고, 나일강에 몰두하고 있었으므로, 당시 지브롤터 총독이었던 조지 엘리엇 장군을 지원할 형편이 되지 못했다. 멀리 떨어진 점을 고려해볼 때, 본국에서 이 작은 식민지

아프리카 서북부(모로코) 아틀라스 산맥

와 그 6천 명의 병사들을 방기한 것은 고던을 방기하는 것과 아주 흡사한데, 다만 고던은 실패했으나(이런 평가를 고던이라는 이름과 연관지을 수 있다면), 엘리엇은 성공했다는 차이점이 있을 뿐이다. 그러니, 엘리엇이 항복하고 지브롤터가 합법적 소유주들, 즉 그곳을 예전에 가졌던 주인들에게로 반환되었다면, 칼래[3]를 잃는 것보다 더 치명적 결과를 초래할 뻔했던 것이나, 그런 위험을 감수했다고 해서 아무도 본국 정부를 비난하지 않았다. 이 포위 공격의 역사는 세계사에서 가장 흥미로

3) Calais: 도버 해협에 있는 유럽 본토 측의 도시. 14~15세기 영국과 프랑스가 칼래를 두고 다투었으며 영국이 이곳을 상실하게 된다.

운 것 중의 하나이다. 그것은 당신이 지브롤터를 방문할 마음이 있든지 없든지 흥미진진한 것이다. 2만 명의 유동인구를 가진 오늘날 지브롤터의 작은 거리들을 걸으면서, 반半 기아상태에서 병들고 부상당한 6천 명의 군인들이 초목과 몇 줌의 쌀에 의지하여 완전히 고립된 상태에서, 스페인의 육해군 총력, 그리고 마지막에는 프랑스의 군대까지 합세한 세력에 대항하여 4년간이나 전투를 이어갔던 장소라는 점을 생각해본다면 흥미는 배가한다.

오늘날 지브롤터가 지중해에서 갖는 위상은 퀸스타운이 대서양에서 갖는 것에 해당한다고 할 수 있다. 퀸스타운에서는 우편물이 배에 실릴 때 승객들이 뭍으로 내려가보는데, 그것은 그곳 자체에 대한 호기심이라기보다는 단단한 땅을 다시 한 번 밟아보고 싶어하기 때문이다. 바깥으로 나가려는 당신에게 승객들이 해주는 말은 거기에 있는 모든 것은 세 시간이면 다 볼 수 있다는 것이다. 그런데, 사실은 지브롤터에 몇 주간을 살아도 날마다 새로운 것을 본다. 이곳은 내가 여태 방문했던 그 어떤 곳과는 다른 부류의 장소로서, 바람이 불어올 때마다, 또 태양이 뜨고 질 때마다 그 모습이 바뀐다. 환전 은행에는 세 가지 다른 종족이 모인다. 무어인은 노란색 슬리퍼와 맨 다리, 펄렁한 옷과 하얀 터번을 하고 있다. 스페인인은 낭만적인 검은 망토와 외투, 붉은 장식 띠를 두르고, 여인들은 레이스로 된 어깨수건, 화려한 머리수건을 두르고 있다. 이들과 함께 섞여서, 긍지에 찬 영국 육해군이 붉은 외투와 흰 헬멧, 혹은 푸른 자켓 혹은 스카치Highland식 킬트[4] 복장을 하고 있다. 이곳은 런던탑 같이 위압적이고, 성 아우구스틴 같은 겨울 휴양지이며, 출입이 자유로운 항구도시라, 각국의 배들과 온갖 종류의 기를 나부끼는 배가 들어온다.

그 기슭 주변으로 돌과 강철의 띠 같은 성벽이 있다. 그 위로는 단段으로 된 집들이 모여 계단처럼 높이 솟고, 이 노란집들에는 연두색 차양이 다양한 각도로 나와 있다. 경사진 붉은 지붕은 또 다른 붉은 지붕에 연해있으며, 그 끝에는 초록 풀밭의 공원과 정원이 도시의 노란 입구로 이어진다. 거기서부터 키 큰 야자수와 소형 야자수, 바다 소나무의 행렬, 연대 믹사에 나부끼는 영국 깃발들이 있다.

마을 위로 지브롤터 바위Rock가 솟아있는데, 아래쪽은 녹색의 덤불과 작은 나무들로 덮혀 있고, 위쪽은 알몸을 드러낸 바위가 북에서 남으로 수 마일을 뻗어있으며, 거대한 몸체가 하늘을 향해 솟아올라 그 꼭대기는 구름에 가려져 있다. 그것은 한번도 같은 모습을 연출한 적이 없다. 오늘은 아마도 온갖 초록의 그늘을 비추는 따사롭고 화사한 태양 아래 미소를 머금은 채 눈부신 모습을 할 것이고, 각 지층과 성벽이 유리를 통해서 보는 것처럼 청명하다. 하늘은 바다와 만灣처럼 푸르고, 스페인의 하얀 마을들은 지브롤터 바위로 올라가는 길 중턱에서 파이프로 담배를 피우는 붉은 군복의 군인처럼 가까이 다가온다. 그리고 내일은 바위 꼭대기가 온통 두꺼운 장막의 잿빛 구름 속으로 사라지고, 만灣의 물은 출렁이고 하얀 모자 같은 파도로 뒤덮이며, 주변의 육지가 시야에서 사라져 마치 밤사이 바다 밑으로 꺼져버리고 당신을 한 섬에 덩그러니 혼자 남겨 놓은 것 같다. 때로는 석양이 지브롤터의 바위를 붉게 물들이거나, 혹은 달빛이 부드러운 빛을 흘려서, 당신이

4) Quilt: 타르탄(스카치식 사각 무늬의 모직)으로 만든 겹치는 치마로 스카치 병정들의 예복임.

스페인의 집들과 거리(그라나다)

볼 수 있는 것은 키 큰 야자수 나무와 우아한 발코니, 식물의 정원뿐이며, 또 각 성벽은 한 지층을 이루고 각 포대砲臺는 한 발코니가 된다. 또는 밤이 되어 등불이 켜지면, 당신은 스스로 무대 위에서, '프라 디

스페인의 그라나다

아볼로'[5])를 연출한 한 장면을 거닐고 있는 것 같은 느낌을 갖게 될 것이다.

무대 - 땅 바깥으로는 거리나 집들이 없다. 차도와 거리들이 너무 유난히도 깨끗하거나, 주조된 철제 벽걸이 등불이 너무도 심오한 그늘을 던지거나, 혹은 높다랗고 육중하게 조각된 무어식 출입구와 단단한 돌로 신비롭게 꼬인 계단들, 혹은 기묘한 간판이 달린 가게들, 혹은 아주 묘하게 채색된 전단을 붙인 회칠한 벽들이 있는 것은 오직 무대에 올라있는 도시들이다. 그 거리에서는 발자국을 뗄 때마다 메아리가 울리고, 좁은 골목에서 느닷없이 검은 모습이 나타나서 당신에게 "거기 서라"라고 하고, 당신이 스쳐 지나가면 "통과(OK)!"라고 한다.

5) 스페인의 비즈카이아에 있는 한 식당 이름.

지브롤터에는 한 간선도로가 바위의 최남단에 있는 중심 부두 언덕의 한 측면으로 이어져 있다. 집들은 성벽의 첫 번째 층에서 시작되어 그곳으로 이어지고, 또 다른 측면에서 시작하여 언덕 위까지 연속해 있다. 이 거리에는 무어인 상점뿐 아니라 영국인 상점, 스페인인 카페, 성당, 호텔, 총독의 저택이 있는데, 지브롤터의 모든 사람이 적어도 24시간에 한번은 여기에 나타나는 것이 확실하다. 길거리의 색조와 분위기는 군국적軍國的이다. 가는 곳마다 군인들이 있다. 우편물과 보고서를 들고 가는 군인, 악단을 앞세우고 따라가는 한 무리의 군인들, 혹은 '중립지역'이 있는 북쪽 전방을 수비하기 위해, 혹은 사격연습, 혹은 축구시합을 하러 가는 군인들이다. 군인들은 두 명씩 세 명씩 짝을 지어, 팔 아래 곤봉을 지참하고 끝이 아주 뾰족한 모자를 쓰고 입에는 파이프를 물고 있다. 그러나 이들은 아주 천천히 나아간다. 그곳에는 항상 장교가 눈에 띄기 때문이다. 막 영국에서 나온 소년 장교로 '중립지역' 근처에 있는 폴로[6] 경기장으로 말을 타고 가거나, 혹은 검정색 상의(튜닉)에 가슴에 온통 많은 리본을 단 지휘 장교이거나, 혹은 띠에다 칼을 찬 그날의 당번 장교이다. 이들 각각이 경례를 받아야 한다. 이것은 재미있는 장면이며, 언제나 새로운 것이다. 당신은 세 명의 군인들이 말하고 싱글거리며 기민하고 쾌활하게 빠른 걸음으로 당신이 있는 곳으로 다가오다가 갑자기 다리는 그 전처럼 움직이지만, 분명히 스스로의 반사적 의지 작용에 의해, 세 개(사람) 상체가 뻣뻣해지면서 손들이 올라가고 담배 파이프와 능글맞은 미소가 사라진다. 그리고 그들은 죽은

6) 말 위에서 공치기 하는 경기.

사람 같은 눈을 하고, 또 바람이 어느 쪽으로 부는지를 알아보려는 듯 손바닥을 당신 쪽으로 향하도록 한 채 당신 곁을 지나간다. 이런 그들의 행동이 당꼬바지를 입은 건장한 신사가 지나가기 때문이라는 것을 당신은 깨닫게 되며, 그 신사는 답례로 등나무 막대를 공중으로 들어 올린다. 때로 군인들이 경례를 할 때면 한꺼번에 정지를 하므로, 그 행보가 20야드 마다 방해를 받게 된다. 지브롤터의 보통 군인은 10분을 걷는데 1시간이 걸린다.

모든 이들은 지브롤터의 간선도로 한 복판을 걸어간다. 인도의 폭이 2피트밖에 되지 않고, 또 모든 거리가 요트의 갑판처럼 깨끗하기 때문이다. 연신 방울을 울리며, 붉은 모직의 견인줄을 단, 노란나무로 만들어진 승합마차가 이 거리를 질주하면서 사람들을 벽으로 몰아붙이고, 또 천연의 방식으로 여러 상점에 젖을 나누어주는 긴 행렬의 염소들이 긴 행렬의 작은 당나귀들과 그보다 더 긴 행렬의 거위들과 얽혀 혼잡을 빚고, 지방경찰은 용감하게 이런 상황을 수습하는 데 진력한다.

군대, 염소, 노란 마차, 폴로 경기에 쓰이는 조랑말, 2륜(혹은 4륜) 마차[7], 테두리가 꼬부라진 모자를 쓴 성직자들, 헐렁한 당꼬바지의 무어인들, 핑크색 코트와 빨간색 토미를 입은 사냥꾼, 청색 제복을 입고 질주하는 선원 등, 이 모든 것들이 지브롤터의 간선도로를 가면무도회 같은 다양함으로 가득 채운다.

요새이며 지중해로 들어가는 관문인 군사적 지브롤터에 대해서 당신은 성벽을 따라 당신을 포함하여 모든 이들 앞에 노출되어 있는 약

---

7) dog-cart : 등을 맞대게 된 좌석이 있는 2륜(4륜) 마차《옛날 좌석 밑에 사냥개를 태웠음》.

간의 것을 볼 뿐이다. 그곳의 주요 방어시설에 대해서는 상상하는 것조차 허락되지 않는다. 성벽은 바위의 서편 측을 따라 뻗어있고, 100야드마다 면의 각도를 틀고 바꾸는 높다랗고 경사진 벽을 만灣까지 드리우고 있다. 너무 험준하여, 한곳에서 미끄러운 표면을 기어오르려 하는 사람은 양편으로 100야드의 성벽들을 두게 되고, 그 양 성벽들로부터 총격수와 보병들은 안락함을 만끽하며 그의 수고를 관망할 것이다. 그리고 그가 미끄러지고 기어오르고 하는 것을 보는 데 싫증이 나면, 그들은 그를 쏘아 산산조각을 낼 수 있고 또 그렇게 하게 된다. 어쩌면 그가 만에서 배를 떠나기 전에 박살을 내버림으로써, 그가 그런 정도로 많이 올라오는 수고를 아예 덜어줄 수도 있다. 바위의 북쪽 면은 그 끝이 스페인을 마주하고 있고, 웅크린 사자의 머리처럼 생긴 곳이다. 이 곳은 오래 전에 죄수들의 작업에 의해 두 개의 긴 치열rows of teeth이 새겨져 있다. 당신은 이 토굴을 통해 들어가서 '중립지대'와 큰 총포의 사정거리 너머 반 마일 지점 끝에 있는 작은 스페인인의 마을을 내려다 볼 수 있도록 허락받게 된다. 당신이 놀라게 되는 것은 이 방어물을 설계한 사람이 그 누구이든 그의 토목기술이 아니라, 발자국 소리가 포성같이 메아리 쳐 울리는 이 거대한 회랑과 음침한 통로를 깎고 폭파하는 데 생애의 많은 부분을 희생했던 죄수들의 노고이다.

이 위장된 바위 바깥의 아래쪽으로 사람에 의해 건조된 더 많은 성벽들이 있다. 적이 육로 공격이 가능한 유일한 지점에서 접근해올 때 보병들은 이곳에서 적의 기선을 제압할 수 있었다. 바위의 다른 쪽 편은 지중해를 향해 있는데, 정상에 설치한 커다란 총포 외에는 요새화되어 있지 않다. 아무도 오를 수가 없고, 또 어떤 대포도 그 표면을 부술 수가 없기 때문이다. 육로 공격으로부터 북쪽을 방어하기 위해 지브롤터 바위의 기저와 성벽 아래 부분에 거대한 해자垓字가 있고, 거기에 보기에도 단단한 벽돌 조각들로 만든 다리가 건조되어 있다.

이 길은 요새 북쪽 문으로 연결되고, 밤마다 여섯 시가 되면 닫히는 이 문 아래에는 갱도가 파져 있어서, 한마디 명령에 폭파되어 자갈로 변하고, 해자는 거대한 물의 호수로 변하게 되고, 지브롤터의 바위는 말 그대로 섬이 되어 버린다. 나는 이 도로를 건널 때마다 저 아래 쪽의 보초가 탄약고 옆에서 담배에 불을 붙이고 있지나 않을까 걱정하지 않은 적이 없으며, 그래서 대개는 단숨에 길을 건너 끝에 닿는다.

북쪽 편에는 또 다른 방어 장치가 있다. 밤에 파수꾼이 망을 보는 것이 그것이다. 파수꾼이란 아주 중요한 것이다. 그가 당신에게 경보를 울리고 베개 아래로부터 총을 꺼낼 시간을 벌어주기 때문이다. 보초 행렬이 '중립지대'를 걸어 다니고 있고, 200년을 그렇게 해왔다. 그 초소는 잔디 위 반 마일 간격으로 있고, 그들의 붉은 코트가 밤낮 앞으로 갔다 뒤로 갔다 한다. 누구라도 해협과 '중립지대'를 가로지르는 좁은 길을 따라서 너무 가까이 다가와 경계선을 넘으면, 저격 받는다. 그 맞은편 반 마일 떨어진 곳에는 하얀 아도비[8] 벽돌로 된 스페인 초소와 또 다른 열의 보초들이 있는데, 모두 푸른 코트에 기묘하고 작은 (깃털 장식의) 군모를 착용하고, 담배를 피우고 있다. 이렇게 두 개의 강대 세력(영국과 스페인)이 잔디밭 반 마일을 사이에 두고 쉼 없이 서로 감시하며, "거기까지만 와, 이곳은 내 꺼거든"라 말한다.

---

8) 굽지 않고 햇빛에 말린 벽돌.

이 두 열의 보초보다 더 중요한 것은 없다. 스페인으로 들어가기 위해 '중립지대'를 가로지를 때마다 당신은 그것을 깨닫는다. 먼저 당신은 영국인 보초를 보는데, 그는 자못 키가 작고 매우 어리지만, 아주 깔끔하고 엄하며, 크고 흰 헬멧의 턱 끈 위로 고약하게도 뚱한 얼굴을 하고 있다.

그 어깨끈은 흰색이고, 그 장화는 검정색으로 반들거리며, 그 무기들은 반짝반짝 윤기가 돈다. 혼자로서는 한 작은 원자, 한 분자에 불과하나, 그는 등에 음식과 숙박도구를 짊어지고 무기를 손에 든 채로 자체 완결적이다. 그는 인도에서 노바 스코티아까지, 그리고 버뮤다에서 아프리카와 오스트레일리아까지 이르는 한 거대 조직의 일부이다. 그리고 등 뒤에 있는 이 거대한 바위를 지키면서 앞뒤로 왔다 갔다 하는 동안 턱을 쳐들고 다리를 차는 방식에서 자신도 이런 사실을 알고 있음을 보여주고 있다. 한편, 그 맞은편 반 마일 떨어진 곳에서 당신은 크고 잘 생긴 남자가 바위 위에 앉아 있는 것을 보게 된다. 그 긴 코트의 꼬리는 따뜻하게 다리를 감싸고, 총은 그가 담배를 마는 동안 다른 바위에 기대어 놓는다. 손은 주머니에 꽂은 채, 담배연기를 통해 양쪽 편에 있는 바다 위 하늘을 바라보면서, 조국을 위해 싸우고 피흘리는 대가로 일당 보수(페스타: 스페인 화폐)를 언제 받게 될 것인가를 생각한다. 이런 대조적 모습은 어떻게 6천 명의 반半 기아상태에 있던 영국인이 스페인 군대에 대항하여 4년간이나 지브롤터를 사수하게 되었는지를 당신이 이해하는 데 도움을 줄 것이다.

이런 것이 요새로서 지브롤터에 관해 당신이 볼 수 있는 거의 모든 것이다. 물론 당신은 더 많은 것을 듣고, 또 많은 것을 상상할 수 있다.

군기 게양대Signal Station가 있고, 아무도, 심지어 군복을 입은 비번 장교조차 출입이 허가되지 않는 저 위쪽에 진짜 요새가 있다. 바위같이 보이는 것은 회색 칠을 한 거대한 총이거나, 혹은 나무가 다른 총구멍을 가리고 있다. 이 금지된 지역에 거대한 대포들이 있는데, 이것은 가장 낮은 곳 성벽에서부터 조종된다. 이런 것이 현재 지브롤터의 정수이다. 이 대포들이 출현하기 전에는, 구름에 의해 지브롤터 바위는 물론 나머지 세계를 그 정상에서 분간할 수가 없게 되면, 그곳의 거대한 대포는, 평화 시에 쓸모가 없어지듯, 나쁜 날씨 때문에 무용지물이 된다. 바로 이런 요소들이 전쟁에서 영국에 불리하게 작용하고, 비나 바람의 방향이 전투 향방을 바꿀 수 있었다. 그런데 왓킨스라고 하는 한 영리한 사람이 위치 추적기를 발명했고, 이를 통해 가장 낮은 곳 성벽에 있는 사람이 구름 바깥으로부터 정상에 있는 거대한 총을 저 위쪽 안개에 싸여있는 사수가 볼 수 없는 배를 향해 조준할 수가 있다. 전기장치로 반 마일 위쪽에 있는 총을 발사하여 바다로 수 마일 떨어져있는 목표물을 맞힐 수가 있게 된 것이다. 공격대상이 된 배의 선장은 구름을 뚫고 날아오는 대포에 의해 배가 공격받는 것을 보고 크게 놀랐을 것이다.

이 요새가 갖는 실제 힘에 대해서, 혹은 그 실제 힘이 어느 부분에 있는지에 대해 외부인은 실로 아는 것이 없다. 그곳 장교들도 열에 한 명 꼴로도 알지 못한다. 지브롤터는 하나의 거대하고 냉혹한 실제 이야기이다. 그것은 맥베드에 나오는 군대 같이 나무로 위장하고 접근해오거나, 혹은 적의 정예 전사들을 숨긴 트로이의 목마같이 무장한 적이다. 바위의 단단한 표면같이 보이는 것은 대포를 은닉하기 위해 드리워진 장막이다. 만의 푸른물에는 어뢰 장치가 있다. 그리고 스페인의 작고 명랑한 마을은 모두 사격의 표적이 되어 왔다. 그 거리 측정은 영국의 포대가 이미 수년간 이용해 왔던 것처럼 아주 정확하게 나와 있다. 지브롤터 바위는 온통 갱과 터널로 되어있고, 식량은 7년의 봉쇄를 견딜 수 있을 만큼 저장되어 있다. 전화와 통신, 군기 게양대와 탐조등, 그와 같은 다른 영악한 고안물들도 곳곳에 장치되어 있다. 어떤 다른 새 장치가 이 산속으로 들어왔는지, 혹은 표면을 장식하는 약간의 녹색 풍경 뒤로 배치되어 있는지의 여부를 알고 있는 것은 총독 자신뿐이다.

2월 25일, 아침 10시 30분 지브롤터 바위 맨 꼭대기로부터 세 개의 대포가 연달아 발사되었고 창문이 진동했다. '세 개의 대포'는 지브롤터가 일단의 전함에 의해 공격받게 되었다는 것, 그리고 '영국은 모든 이가 자신의 본분을 다해줄 것을 기대하고 있음'을 뜻한다. 그래서 나는 그런 영국인의 모습을 보러 나갔다. 사람들이 대포를 끌면서 거리를 쫓아다녔고, 장교들은 임지로 서둘러 복귀했다. 군단들은 아주 신속하게 행진해 나아갔는데, 그런 것이 그들로 하여금 꼭 맞는 군화를 신고 걷는 것처럼 보이게 한다. 나팔이 울리고, 한 무리의 사람들이, 하늘을 배경으로 검은 모습을 분명히 드러내며, 돌출한 바위와 수비대 성벽 곳곳에서 공중으로 열심히 깃발을 흔들어 댔다.

요새 뒤쪽, 만灣에 있는 배에서는 전혀 보이지 않는 곳에 수백 명의 보병이 손에 총을 들고, 성벽의 난간에 모습을 드러내고 적의 배를 향해 총을 발사하도록 명하는 신호가 떨어지기만을 기다리고 있다. 이런 부류의 극적인 상황을 즐기는 사병은 즐거움과 흥미를 느낀다. 반면,

장교들은 실제로 적과 대치하고 있는 것처럼 자못 침착하고, 소집되어 모의훈련을 당하는 것에 대해 아주 불쾌해 한다. 그날 아침 방어태세 돌입의 실제 목적은, 총독이 한 지점에서 다른 지점으로 말을 타고 재빨리 이동할 때, 상이한 지점에 있는 장교들이 서로 연락을 취할 수 있는지를 알아보려는 것이었다. 이것은 깃발을 통해서 이루어지며, 총독 일행에게 깃발로 신호를 보내는 장교가 그의 말이 쓰러지지 않도록 갖은 고초를 겪기도 했으나, 모의훈련은 아주 성공적이었다. 최고 속력으로 달리는 일단의 승마자들과 1마일 떨어진 곳에 있는 사람이 대화를 나눈다는 것은 아주 대단하고 신기한 일이다.

고위층 연대smart regiment에 속하며 지브롤터와 같은 변경 주둔지에 머무는 영국 육군 중위(하급 장교 혹은 준準대위)의 생활은 젊은 미혼의 남자가 누리는 것 같은 안락하고 만족스런 수준에 있음을 당신은 보게 된다. 그것이 언제가 되었든, 그는 실전에 투입될 기회가 있을 것이고, 그래서 그 나라에 봉사하고 자신의 이름을 떨치게 되기를 언제나 소원하고 있다. 그런 기회를 기다리면서, 세상이 그에게 거리낌 없이 가져다주는 좋은 것들을 향유한다. 실로 그는 임무를 수행하고 있으나, 내가 보기에는, 그렇게 피곤하거나 신경쇠약을 유발하는 것은 아닌 것 같다. 오히려, 내가 관찰한 바로는, 그에게 주어진 아주 곤혹스러운 임무는 하루에도 수도 없이 옷을 갈아입어야 하는 것, 그것도 매번 더 화려한 옷으로 개선해야 하는 형편에 처하는 것이다. 내가 본 한 젊은이는 2시간에 4가지 다른 복장을 했다. 그가 폴로 경기에서 돌아오는 것을 내가 보았을 때, 장화와 당꼬바지를 입고 있었는데, 그다음 사격을 지휘할 때는 머리 한 쪽으로 높은 원통형 모자를 쓰고 손에는 큰 야외용 안경을 들었으며, 셔츠같이 꼭 끼는 검정과 붉은색의 제복을 입고 있었다. 조금 후 총독의 집에서 가진 테니스 모임에는 모직 옷을 입고 나타났으며, 그 다음 만찬을 하기 위해 그곳으로 돌아왔을 때는 저녁때마다 입는 옷을 입었다. 회식에서 식사할 때 중위가 입은 제복은 제1도시 부대the First City Troop의 것을 중고 기성복 같아 보이는 것으로 전락하게 한다. '제13 섬머셋 경무장보병'의 장교들은 만찬 때 주홍색 재킷에다 2인치 금박 레이스로 가장자리를 댄 검정 실크 조끼를 입었다. 재킷은 드러난 모든 가장자리를 따라 금단추가 달려 있었고, '빈자, 부자, 거지, 도둑'을 구별함에 의해 각자의 미래를 결정하는 멋진 기회(즉 출세의 기회)를 제공했다. 이들 재킷 18개가 식탁 주변으로 놓일 때면, 여느 사복은 장의사 같은 느낌을 줄 것이다.

만찬은 영국 연대에서 아주 중요한 의식이다. 다른 때에는 여왕 폐하의 장교들은 과묵하지만, 만찬에서 당신이 손님으로 참석할 때면, 혹은 손님이든 아니든, 여흥을 돋우고 또 만끽하려는 마음가짐들이 있어 분위기가 새롭다.

우리 아메리카에는 연대사령부가 없다. 그리고 전국에 걸쳐 진급하려는 장교들 때문에, 연대의 '군대정신esprit de corps'이 결핍되어 있다. 그러나 영국 군대에서는 연대적 유대가 아주 강하다. 아버지와 아들이 같은 연대에 속하고, 또 이들은 모병되어 온 주별로 배속되어, 그 유대감이 아주 긴밀하다. 만찬에서는 연대의 전통에 대한 이야기가 오가고, 또 당신은 사방 벽에 붙어 있는 부조와 그림, 또 식탁 위의 은쟁반, 그리고 모서리에 꽂힌 깃발 등에서 그 연대가 치룬 전투들에 대해 알게 될 것이다.

한 사람이 친구들을 만나게 되면, 한 개 접시 혹은 은제 잉크병 혹은 한 개 그림 혹은 전투나 사람을 기리는 어떤 것을 소개해 주고, 또 연대본부 측에서도 과거에 있었던 일, 패기에 찬 공적에 대한 이야기를 미래를 대비하여 언제나 들려주게 된다. 각 연대는 독특한 제복, 혹은 연대에 고유한 만찬의 관습을 지니고 있고, 더 오래 지속된 것일수록 더 독특하다. 반면 당국에서는 이런 의장에서의 특징과 차이점을 없애려 하고, 그런 관습 사체를 바보 같은 짓으로 폄하하고 있다.

예를 들어, 당신이 그런 것에 밝다면, '제13 경무장 보병'의 하사관들은, 다른 여느 하사관들이 하듯이 장식 띠를 오른쪽 어깨에서 내리지 않고, 장교들이 하는 것처럼 왼쪽 어깨에서 오른쪽 엉덩이로 두른다는 것을 깨닫게 될 것이다. 그 이유는, 한 대규모 전투에서 '제13' 연대의 장교들이 다 죽었는데, 이 사실을 알게 된 하사관들이 스스로 지휘를 맡아서 장식 띠를 다른 어깨 쪽으로 매게 되었다. 그 후로 줄곧 장교들은, 지휘를 대신한 그 동료 하사관들이 너무나 헌신적으로 자신을 버리고 연대의 명예를 빛낸 데 대한 감사로서 그들의 이런 관행을 용납했다. 다른 전통도 있어서, 회식 때에는 아무도 여인의 이름을 입에 올리면 안 된다. 한 여인만은 예외였는데, 만찬 끝에 하사관이 바깥의 악장樂長에게 신호를 보내고 그 일단이 애국가를 연주할 때, 그 여인을 위해 일어나서 잔을 비우는 것이다. 그러는 동안 키플링 씨가 "선상船上의 북(The Drums of the Fore and Aft)"에서 묘사하듯이, 악장이 들어와서 장교들과 함께 포르트[9] 와인을 들이킨다. 또 한 예로, '제60' 혹은 '왕립 소총부대Royal Rifles'는 회식 때 계급장을 달지 않는데, 이것은 모두가 평등하다는 이념을 나타내기 위한 것이다. 이 연대는 한때 '국왕의 아메리카 소총부대King's American Rifles'로 불렸고, 그 이름 하에 퀘벡과 몬트리올을 장악했다. 나는 어느날 밤 만찬 때, 만일 색깔이 있었다면 청색이 아니라 홍색이었을 그 외투만 제외한다면, 대륙 군인과 같은 의장을 한 작은 은제 조상을 마주 보게 되었다. 그는 1768년의 인물이었다. 만찬이 벌어진 방에는 퀘벡의 고지로 떼지어 올라가고, 델리의 성벽을 공격하고, 또 고던(장군)을 구하기 위하여 진격하며 어렵사리 나일강을 거슬러 올라가는 연대의 모습을 그린 그림들이 있다. 이 모든 것이 한 하급장교로 하여금 나름대로의 향수를 갖게 한다.

지브롤터에서는 매일 테니스를 치고 '알라메다'에서 밴드가 음악을 연주하며, 스페인 쪽에 연해 있는 중립지역을 가로지르는 승마 모임이 있으며, 차를 마시고 만찬을 할 때면 그곳 젊은 여인들이 스페인 춤을 춘다. 그리고 일주일에 두 번 씩 지브롤터 사냥모임Calpe Hunt의 회원들이 스페인에서 만나서, 영국인이 핑크색 옷을 입고 말을 타고 다녔던 험준한 지대를 가로지르며 여우를 사냥한다. 그곳에는 장애물이 없으나, 골짜기와 계곡, 절벽들이 있어서, 그곳을 오르내리고 가로지르며 말들이 기거나 뛰어오르고, 또 기수가 그들을 팽개쳐도 그들이 그를 안전하게 데려온다.

만일 당신이 들판에서 휴식처를 찾지 못하면, 돈키호테가 방문했던 것과 같은 오래된 스페인풍 여관을 찾아갈 수 있다. 그곳 뜰에는 술 취한 노새몰이꾼이 있고, 마구간 위에 식당이 있다. 아름다운 검은눈의 젊은 여인이 오믈렛과, 토산의 포도주와 검은빵을 당신에게 가져다 줄

---

9) 포르투갈의 강하고 검붉은색 포도주.

것이다. 아니면, 유쾌한 것으로, 당신은 북쪽 전방North Fron에 있는 장교의 초소에 들러서 차를 마시면서 그 신사의 외로움을 달래줄 수 있고, 그가 케이크를 자르는 동안 당신의 물건들을 불에 말릴 수 있다. 그리고 모임에 참가한 여인들이 거울 앞에서 자신의 모자를 고쳐 쓰고, 시종 두 명이 뜨거운 물을 가져온다.

하루는 재미있는 한 장교가 '북쪽 전방'을 지키고 있었다. 그가 너무 흥을 돋우는 바람에 우리는 아무도 일몰을 알리는 총소리를 듣지 못했다. 그래서 내가 출입문에 닿았을 때 문은 이미 잠겨 있었고, 매일밤 열쇠를 총독에게로 가져가는 수비대 나팔수가 마을로 올라가는 길 중간에서 나팔을 불고 있었다. 성벽 위에 검은 물체가 보였으므로, 그에게 통사정을 했다. 내 이야기를 들은 그 대상은 반복하여, 런던 경찰이 만취한 사람을 타이르는 훈계의 어조로 내게 지시를 했다. "그렇다면, 가 보시지요."

'중립지대'를 가로질러 간다면 밀수꾼으로 저격 받게 될 것이라는 것을 나는 알고 있었다. 지브롤터는 출입이 자유로운 항구이므로, 밀수업자들은 그곳에서 담배를 사서 매일 밤 집으로 가져가거나, 아니면 개 등에다 그것을 묶어서 반 마일의 '중립지대' 너머로 보낸다. 하는 수 없이 나는 다시 어슬렁거리며 유쾌한 장교에게로 돌아왔다. 그는 자못 안타까워하며, 그가 모시는 각하의 대변인에게 부탁의 편지를 보냈다. 그 대변인을 그는 D.A.A.G.라고 불렀는데, 그 본명은 존스Jones라고 했다. 그런 다음 우리는 다른 길을 지키고 있는 장교들의 회식실로 갔다. 그 신사들은 친절하게 자신의 침대를 내게 내주었고, 대신 그들은 의자 세 개와 외투를 모아서 자겠다고 했다. 딱 한 명의 말이 없던

하급장교만이 머뭇거리며 변명하는 말이 자기 생각에 열쇠를 가진 장교가 매일 밤 지나가고 수비대가 열쇠를 받기 위해 나오는 그런 소동 속에서 자는 것이 내게 불편할 것이라고 했다. 그런데 그때만 해도 나는 그런 것이 다소간에 형식적이며, 그곳의 모든 의례와 환경이 그런 정도의 것이라고 생각하고 있었다. 지브롤터의 바위가 밤이 되면 정말로 복잡한 시건장치의 금고처럼 완전히 폐쇄된다는 사실을 나는 믿지 않았다. 그러나 이제 나는 그것이 사실이라는 것을 안다. 미지의 D.A.A.G.에게서 내가 11시 지나 갈 수 있다는 전갈이 왔다. 그러나 거기에는 보초에 대한 언급은 전혀 없었고, 유쾌한 장교도 그랬다. 하급장교는 곤혹스러운 지경에 처하면 언제나 '장교다'라고 큰소리 치고, 그러면 보초는 언제나 사과하는 듯 볼멘소리로 "통과하십시요, 장교님, 문제 없습니다."라고 중얼거린다. 나도 그렇게 말하라는 조언을 받았으나 다소간 당당하게 '장교다'라는 말은 하지 않았던 것으로 기억한다. 그날 밤 그곳에 있던 - 한 연대병력 만큼해 보이는 - 보초들은 모두 내가 그렇게 말해도 통하지 않을 것 같았고, 더 많은 신원 정보를 그것도 신속하게 요구할 것 같았기 때문이다. 당신이 존스라는 이름으로 불리는 D.A.A.G.로부터 지령을 받았다 해도, 그를 D.A.A.G.라고 해야할지 존스 장군이라고 해야할 지도 모르는 상황에서 그에 대해 설명하기란 매우 어렵다. 특히 젊은 햇병아리 졸병이 총을 꼬고 있고 한 문명된 나라에서 만들어낸 기나긴 총검이 달빛에 번득일 때는 더욱 그러하다. 이들은 지브롤터 바위에 있는 보초같이 당신이 볼 수 있는 곳에 서서 마부같이 둔하게 당신을 훑어보며, 그렇지 않았으면 더 외로웠을 텅빈 거리를 덜 외롭게 하는 그런 순덕이 보초들이 아니다. 정반대로 이들은 난폭하고 성급하며 철컥거리는 총소리와 연타하는 폭풍을 동반하는 것 같은 고함과 함께 그늘에서 튀어나오는 버릇이 있다. 설상가상으로 D.A.A.G.로부터 전갈이 오기를 기다리는 동안 나는 초소로 나가 보초들이 유쾌한 장교에게 자신들의 수칙을 복창하는 것을 듣게 되었다. 내가 보기에 용렬하게도 그들은 그 수칙 가운데 딱 한 가지만 실천했는데, 그것은 그들이 마음에 새기고 있는 유일한 규칙으로 '허락 없이는' 암소도 통과하지 못하도록 하는 것이었다. 이것은 그 익살 때문에 그들에게 더 인상적이었을 것이다. 그리고 50야드 이내로 접근하면 '낮게 발사'한다는 것이었다. 그날 밤 내가 곤경에 처했을 때 알게 된 것은 그들의 수칙 가운데 내가 기억할 수 있는 것도 그것밖에는 없다는 것이다.

이런 것들이 내가 지브롤터에 머물러 있을 때 곤혹스럽게 겪었던 유일한 경험들이었고, 이것을 여기다 적는 것은 그 북쪽 전방을 지키는 수비병들에 대한 찬사이다. 그들과 또 다른 주민과 수비대 장교들에 대해서는, 그곳을 방문하는 사람들만이 잘 기억할 수 있다. 그런 일은 없겠지만 지브롤터 바위가 공격 받을 때면, 그들은 제각기 광영으로 자신을 치장하게 되기를 바란다. 그런데 그곳은 결코 공격받는 일이 없을 것이다. 미국인만이 그곳을 장악할 수 있는 방법을 고안해낼 정도로 영리하지만, 또 그들은 너무 영리해서 그런 불가능한 일을 시도하지 않을 것이기 때문이다.

II
탕헤르

수천 년 전 헤라클레스가 아빌라산과 함께 그 쌍둥이 산으로서 우리가 지브롤터라고 부르는 곳을 만들었다. 이곳은 미지 세계가 시작되는 극한 지점으로 간주되었다. 그리고 내가 앞장에서 소개했듯이, 오늘날도 상황이 비슷하다는 것을 대충 보아도 알 수 있다. 파리가 천정을 날아다니듯이 사람들은 아프리카로 슬쩍 들어갔다가 슬쩍 나왔고, 또 그런 과정에서 아프리카에 피해를 끼침으로써 굉장한 명성을 얻었다. 그들은 그 해안에 조그만 마을을 세우고 그 숲속으로 흔들리고 덜거덕거리는 작은 철로를 내고, 폭포를 가로질러 배를 예인하고, 또 그들이 정복한 것으로 자처하는 그 땅으로 들어가 본 적도 없이, 황제, 강대국, 무역회사들은 서로 그 땅을 분할해 가졌다. 그러나 폴 뒤 샤일리Paul du Chaillu에서 '마지막 탐험가'로 불리던 W.A. 찰러Chanler에 이르기까지 우리는, 아직도 탕헤르에 남아있는 다리를 건설한 로마인들보다

모로코 탕헤르

얼마나 더 많이 아프리카에 대해 아는 것이 있는가?

'마지막 탐험가'란 듣기에 멋지고 또 분명한 하나의 상징어이지만, 다른 모험가들이 또 가고 아마도 돌아올 것이다. 그곳에는 아직도 우리가 알아야 할 것들이 다소간 있다. 스페인인과 영국 청교도(참고: 1620년 메이플라워Mayflower호로 미국에 건너가 플리무스Plymouth에 주거를 정한 102명의 영국 청교도단)들은 불과 400년 전에 아메리카 미지의 세계를 밟았고, 지금 장사 일로 여행하는 사람들은 'ABC 철로 안내서'를 통하여 그곳 모든 동네 이름을 당신에게 알려줄 수 있다. 그러나 터키, 로마, 스페인, 그리고 최근의 영국, 독일, 프랑스인들은 쥐가 치즈를 뜯어먹듯이, 아프리카를 조금씩 쪼아서 잠식해왔으며, 아직도 그 가장자리를

모로코의 구릉

쪼고 있을 뿐, 그들이 '보호'한다고 하는 민족, 병합하여 식민한 나라에 대해서는 한니발과 스키피오처럼 거의 아는 것이 없다. 반면 아메리카에서는 그 숲은 철도망과 전신주로 변했고, 아메리카 인디언들은 '절멸'했거나, 아니면 경작과 높은 모자 쓰는 법을 배웠다. 카우보이(미국 서부의 소몰이 목동)는 자유로이 초원을 활보하고, 인디언 관리들은 인디언을 속이고 — 인디언은 그 관리를 속이지 않는다 — 독일인은 밀워키(위스콘신 주 남동부 미시간 호반의 공업 도시)와 신시내티(미국 오하이오 주의 도시)를 장악하고, 아일랜드인은 사방을 지배한다. 많은 상처 입은 중국인조차도 그 붉은 상징을 나라 곳곳에 내걸고 있다. 아메리카 대륙을 장악하여 부를 갈취하지 않은 나라는 지구상에 하나도 없다. 그

하산 모스크(모로코 라바뜨)

러나 아프리카 대륙은 과거와 같이 지금도 존재하고 그 비밀을 간직한 채, 아직도 미지의 세계로 건재해 있다.

당신은 이런 사실을 알기 위해 아프리카 내지까지 여행할 필요가 없다. 우리가 얼마나 무지한가 하는 것을 해변에서 바로 깨달을 수 있기 때문이다. 지브롤터 문명으로 부터 고작 3시간 정도 떨어진 곳으로 그곳 탕헤르라는 도시는 우리 또는 우리 문명화된 동시대인들이 이들 베르베르인들과 그 풍습에 대해 얼마나 무지한가를 당신에게 깨우쳐 줄 것이다. 영국이 모로코의 술탄과 거래하기 위해 파견한 지 몇 개월 후 외교관이고, 신사이며 그리고 가장 문명화한 강력한 제국들의 대표에게 저항한 것은 배우지 못한 흑인이었다. 우리는 스테판 본살의 그림을 가지고 있는데, 거기에는 이 외교관과 그 수행원들이 낭패하고 웃음거리가 되어 낙담한 채 페즈로부터 나 있는 뜨거운 모래길을 따라 말을 타고 돌아오고 있는 모습이 그려져있다. 내가 탕헤르에 있었을 때, 백인이면 모두 영국인인줄 알고 있던 무어인들이 손가락으로 나(미국인)를 가르키며 소리치곤 했다. '당신의 여왕(술타나)은 어리석고, 오직 (자신들의) 술탄(왕)만이 현명하다'. 사실은 우리가 고국을 떠나고 나면 그 얼마나 잘난 사람들이 되는지, 그리고 영국인이 자신이 짐짓 보호하려는 사람들을 얼마나 잘 알고 있는지를 보여주는 예이다.

탕헤르는 저 아래 푸른 초원 위에 바람에 흩날려 쌓인 눈덩이같이 자리하고, 그 바위 꼭대기에 요새가 서 있고 그 요새에는 모로코의 사각 붉은 깃발이 나부낀다. 그곳은 문명의 폐해에 물든 세련된 장소이며, 그것은 양질의 문명이 아니다. 그 배후에 있는 테투완이나 페즈에서 당신은 지난날 탕헤르가 어떠했는지 하는 것, 그리고 긍지에 찬 무어인을 볼 수 있다. 무어인은 그 종교가 그에게 옳은 것이라고 가르치는 초연함(고고함) 속에서 살고 있다. 그 초연함 앞에서 영국인의 거만은 누군가가 자신에게 고의로 시비를 걸어올 것이라는 두려움 때문에 상냥한 태도와 지나친 친절로 변한다. 당신은 탕헤르에서도 긍지에 찬 무어인의 모습을 보게 되지만, 그는 내륙의 도시와 같은 순수한 전통의 환경 속에 있는 것은 아니다. 당신이 탕헤르를 사방으로 거닐어보면 그 분위기와 가족들이 주는 이국적인 요소들로 인해 끊임없이 새로운 세계로 환원된다. 프랑스풍 상점의 창문이 시장에 나타나고, 멋진 차림의 무어인 뒤로는 검은 망토의 스페인인人 혹은, 아무 것도 배우지도 않고 잊어버리지도 않는, 트위트(스카치산 천) 천 양복을 입은 영국인이 따라간다. 수년간을 탕헤르에 산다 해도 영국인은 절대로 '두건 달린 아라비아인의 외투(버누즈)'를 입는 법을 배우지 않는 대신, 자신의 재단사가 최신 모형으로 고국에서 보내온 양복을 잊지 않고 입는다. 탕헤르의 항구에 들어서면서 당신이 맨 먼저 보는 것은 식료품과 양식(곡물)을 파는 영국 상점으로 당신을 초대하는 거대한 파랗고 하얀 에나멜 표지標識이다. 이것은 뱃전 너머로 서둘러 다가오는 무어인보다 훨씬 더 야만적인 인상으로 당신에게 다가온다.

작은 증기선이 멈추기도 전에 무어인들이 황급하게 조야한 함성을 지르며 다가오는 것을 보면, 당신은 그들의 해적 조상들을 기억해내게 된다. 매우 사납게 갈색의 맨 다리를 방파제에 걸친 다음 뛰고 기어오르면서 극도의 흥분과 분노를 노골적으로 드러내면서 밀려오고 고함을 지르는 그들의 모습에서, 만일 그들이 이를 드러내고 긴 칼과 단도(면적이 넓고 위로 휜 선원용)를 들고 있었더라면, 당신은 호텔 짐꾼과 안내자가 아니라 야만 해적들의 손아귀에 들어와 있는 것으로 생각했을 것이다.

내 가이드는 마흐무드라는 무어인이었다. 나는 일주일가량을 그와 함께 있었는데, 아니, 더 정확하게 말하면, 그가 나를 데리고 있었다.

염색공장(모로코 페즈)

그가 어떻게 나를 잡고 있었는지 나는 알지 못하지만, 그가 나와 함께 한 것은, 내 생각에, 다른 이는 아무도 그를 데리고 있을 수 없었고 또 그가 내 선의를 이용했기 때문일 것이다. 어떤 사람이 선의를 가진 것으로 표현할 때는 그에 대해 꼬집어 말할 것이 없다는 뜻이므로, 내가 선의라고 표현한다 해도 자찬하는 것으로 비치지 않았으면 한다. 마흐무드는 키 큰 무어인으로 다채로운 의상, 코트, 윗옷으로 화려한 차림새를 연출했으며, 페즈 모자 둘레로 크고 흰 터번을 둘렀다. 그것은 그가 결혼을 했거나 메카로의 성지순례를 했음을 뜻한다. 그는 아침부터 밤까지 충실한 새끼양, 그 양같은 우둔함으로 나를 따랐다. 말다툼, 돈 문제, 욕설 그 아무 것도 그를 내게서 떠나보낼 수가 없었다. 마흐무드는 진부함까지 있어서, 대형의 푸른 안경과 (안쪽에 고무천을 댄 깊숙한) 단화를 착용했다. 이런 그 행태가 사물의 조화에 대한 내 감각을 크게 훼손했다. 그가 나를 섬기는 방식은 앞서 달려가서 길에 있는 온갖 작은 당나귀들은 물론 눈먼 장님과 아이들을 쫓아버리는 것이었고, 그래서 이들이 울면 나는 돌아가 뇌물로 그들을 다시 구슬리곤 했다. 이렇게 그는 사람들 사이에서 나를 가장 인기 없는 사람으로 만들었고, 그들의 호의를 얻기 위해 상당한 노력이 들도록 했다. 내가 완벽하게 다른 사람의 손아귀에 놀아난 것은 그전에는 없었던 일이었으며, 지금도 나는 그가 나를 '지적이고 예절 바르며 여러 외국어에 능한 사람'인 것으로 기억해주기를 바라고 있다.

사실 탕헤르에서는 가이드가 거의 필요가 없다. 왜냐하면 탕헤르는 그곳 자체가 볼거리로서 다른 특별한 볼거리가 없기 때문이다. 구불구불한 좁은 길을 누비고, 노천의 시장을 돌아다니면서 당신은 최고의 즐거움을 경험할 수 있다. 탕헤르의 대로는 모두 굽어있고 가파른 경사로 되어있다. 게다가 아주 울퉁불퉁하며 더럽기까지 해서, 때로 수백 야드를, 흰색의 벽돌로 둘러싸여 있고, 또 아치 길이나 한쪽 길에서 다른 쪽 길로 걸쳐있는 주거 공간 같은 것이 햇빛을 가리고 있는, 미로의 어두운 골목과 좁은 통로를 헤매야 한다. 구부려야 들어갈 수 있는 초록과 파란색의 입구는 바로 거리로 나있어서, 당신이 그곳을 지나가면, 이방인이 지나간다는 것을 알아차린 집안 여인들의 문 닫는 소리를 연신 듣게 될 것이다. 당신은 거리에서 무엇을 만나게 될지, 당신 바로 곁에 있는 잡화점 입구 앞에서 어떤 것이 전시될 것인지를 전혀 예측할 수 없다. 튀긴 고기와 신선한 과일과 허브 냄새, 그리고 커다란 바구니의 비누와 검은색 커피, 하쉬쉬 냄새들이 카페와 짐상자 만큼 한 작은 상점에서 풍겨 나온다. 밤이 되면 이 상가들의 상하 두 쪽으로 된 문이 닫히는데, 위쪽 절반의 문은 낮 동안 태양을 가리는 데 쓰이고, 아래쪽 절반은 계단으로 쓰인다. 넓은 거리에는 색조와 번쩍이는 골드 레이스, 동 장식판, 액자와 은장도로 화려하게 장식된 상점들이 있다. 잘 생기고 편안하게 보이는 무어인들은 초소의 군인들처럼 조그만 공간 안에서 다리를 걸치고 앉아, 거래로 인해 흥분한 경우가 아니라면 아무런 미동 없이 한가롭게, 그리고 지나가는 기독교인들을 자못 경멸하는 듯, 이웃과 대화를 나누고 있다. 당신이 철저히 무시당하는 느낌을 가질 때는 항상 유익한 무엇이 있다. 또 한 공동체 무리 전체가 연대하여 당신을 무시하고 또 당신이 지나갈 때 뚱하게 당신의 머리를 내려다볼 때, 노골적으로 당신에 대한 경멸감을 표하지 않는 무어인들은 아주 빈곤한 자와 중류계층의 사람들이라는 것을 깨닫게 될 것이고, 그러면 당신은 타락한 배교자와 악수를 하기보다 거만한 무어인으로부터 무시당하는 쪽을 훨씬 더 선호할 것이다. 게다가 부유한 무어인 신사들의 긍지는 농촌 부족의 가난한 농꾼들로 장날이면 나타나고 또 코란의 가르침에 따라 당연하게 기독교도를 미워하는 사람들의 광신적 배타성에 비하면 아무 것도 아니다.

이들 무어인은 머리와 어깨를 바로 세우고 팔을 흔들면서 양 눈을 전방에 고정시킨 채 좁은 길을 활보한다. 그들은 당신이 두 다리 대신 네 다리를 가진 낙타나 말인 양 쳐다볼 것이다. 때로 이방인은 이들 무어인의 이국적인 요소가 침투하지 않은 사막에서 왔고 종교적 가르침을 평생 실천한다는 사실을 망각하고는, 말채찍으로 그 중 한 명을 후

려친 다음 영사관에 숨었다가 다음 배로 그곳을 떠나기도 한다.

나는 무어인을 동정하지 않을 수가 없다. 영국인이 항상 주장하는 것은 영국인의 집은 성채이며, 또 비록 자신은 물론 그 프랑스, 스페인, 아메리카의 사촌들이 비록 이곳을 침략하지만, 자신이 대접을 잘 받아야 한다는 것이다. 뿐만 아니라, 스스로를 아메리카인 혹은 영국인으로 자처하는 이곳의 원주민, 술탄의 속민들 또한 보호받아야 한다고 주장한 것이다. 물론 영국인 스스로 여기서 반가운 존재가 아니라는 사실을 알고 있다. 그는 멋대로 이민족을 압박하고 있으며, 이들 이민족 모두가 자신들을 자유롭게 내버려 두어주기를 바라고 있음을 알고 있다. 그러나 그는 이곳에 와서 헐렁한 바지에다 광택이 나는 부츠 차림에 말을 타고 다니고, 폴로 경기와 크리켓 시합을 하고, 핑크색 코트를 입고는 여우를 사냥하며, 쓴 에일 맥주를 원하고, 목욕을 하지 못한다고 불평하는 등, 마치 그가 이곳에 와서 원하는 것만큼 머물러도 좋다고 부탁을 받은 것처럼 행세한다. 가끔 이들 민족에 대해 어떤 것을 배우려고 하는 한 외국인을 당신은 접하게 된다. 작고한 리어드, 혹은 '비비' 칼튼 씨 같은 사람인데, 그런 사람은 갖가지 무어인의 방언을 구사하고, 어떤 다른 외국인 공사公使보다 더 막강한 영향력을 술탄에게 행사했으며, 또 당신이 최근 선적해 보낸 총포나 하렘에 놓을 큰 피아노에 대해 술탄이 돈을 지급하지 않는다면, 그 돈을 받아내 줄 수 있는 사람이다. 그러나 내가 아는 한에서, 일반적으로 이방인은 무어인이 좋다고 생각해 오던 최선의 것을 수용하지 않으며, 무어인이 가장 필요로 하는 것을 들여올 줄도 모르고, 또 그 자신에게 필요한 것도 알지도 못하고 신경도 쓰지 않는 것들을 가져다주지는 않는다. 예를 들어, 탕헤르는 천혜적天惠的으로 좋은 위생조건을 갖추고 있다. 그러나 그 환경은 외국인이 들어오기 전과 같이 더럽고 원시적이다. 모든 것이 버려져 생긴 거리의 쓰레기들은 방파제[岸壁]와 그 아래 바위 위로 쌓이고, 그곳에 돼지들이 모여 원하는 것을 찾고 파도가 나머지를 실어 해안으로 돌려놓는다.

이런 상황을 시정하기 위해 일부 외국인 공사公使들이 그 확실한 권력을 오만한 원주민 관리Bashaw에게 행사하고자 한다면, 자유 코스의 '크로스컨트리'의 경마를 들여오지 못하고, 되레 아무 것도 하는 일 없이 모두 부자가 되어가는 이상하고도 분명한 이유는 물론 모로코 침략 사실에 대한 어떤 이유들을 조만간에 제시해야 될 것이다.

거주 이방인은 무어인을 아주 경멸한다. 무어인은 무지 거짓말쟁이이며 불량배라고 보는 것이다. 한번은 사람들이 월터 스콧에게 와벌레이Waverley 소설을 쓴 것이 그 자신이 맞는가라고 물었을 때, 그는 아니라고 대답하곤 했다. 나중에 이에 대해 그가 변명하기로, 만일 당신이 무례하고 불쾌한 질문을 받게 되면 대답을 안 하거나 거짓말을 할 권리가 있다고 말했다. 같은 식으로 외국인의 출현 자체가 무어인들에게는 무례한 것이므로, 그가 외국인 침략자를 곤혹스럽게 하는 데 대해 아무런 죄책감을 갖지 않는 것은 당연하며, 기회가 있을 때마다 그렇게 하곤 한다.

사실 탕헤르를 쳐들어간 외국인은, 우아하게 도전할 수 있는 입장에 있지 않다. 이 뜨겁고 조야粗野한 나라, 여론, 경찰 법정, 이륜마차를 모는 의례 등과는 거리가 먼 이곳에는, 존경할만한 시민 납세자들을 바르게 인도하기 위해 온대 지역에서 존재하는 규칙과 원칙들을 망각하게 하는 어떤 것이 있다. 선원들은 모두 '적도 남쪽에는 일요일이 없다'라고 말한다. 이것이 정확하게 무슨 뜻인지를 가려내기는 어렵지만, 태양 혹은 이민족들의 존재, 혹은 세상이 너무 멀리 떨어져있다는 사실 같은 것이 기이한 상상을 불어넣고, 명예훼손법이 그곳에 존재하는 한 아무도 출판하려 하지 않을 그런 이야기를 듣게 된다. 당신은 가끔 소설, 특히 프랑스 소설에서 읽거나, 무대에서 사람들이 다음과 같이 하는 말을 듣는다. "불공정한 법과 잔혹한 편협함을 가지고 이곳으로 오라, 그래서 우리로 하여금 이곳을 떠나도록 하라. 우리는 미지의 지구 한 구석으로 가서 새로운 터전을 만들 것이다. 그곳에서 새로운 깃발과 새로운 이름 아래 우리는 슬픈 과거를 잊고 행복과 만족의 새 세계로 입성할 것이다."

무대에 선 사람이 이런 말 하는 것을 들을 때, 당신은 그가 탕헤르에 가려 한다고 생각할 수 있다. 그가 남의 돈을 횡령하거나 남의 부인을 가로채서, 혹은 돈 문제로 얽혀 고민하다가 그곳으로 왔을 수도 있다. 혹은 잔칫집에서 식사를 하다가 브루클린의 다이아몬드 상점을 턴 다음 지금은 싱싱 교도소(미국 뉴욕주 오시닝Ossining에 있는 주립 교도소)에 가 있는 한 젊은이가 그곳에서 잔치를 벌이고 식사를 하거나, 또는 최근 200달러에 원하는 어떤 이에게 자신의 통행권을 팔았다가 여러 가지 혐의를 받고 본국으로 소환되었던 아메리카 영사와 같은 경우도 있다. 또 연간 수백 파운드의 급여를 받고 20만 달러를 모은 후 은퇴한 공사公使의 이야기, 그리고 기사도적이고 문명화한 알라바마나 테네시 주에서는 분명히 폭력사태를 야기하게 될 그런 류의 잔인성과 돌연한 감정의 폭발에 대한 이야기를 당신은 듣는다. 이렇게 탕헤르의 많은 사

모로코의 시장(패즈)

람들이 왜 그곳으로 오게 되었는지, 왜 그들이 다시 떠나가지 않는지에 대해서 들을 때면, 스페인을 휩쓸고 전 카톨릭 유럽을 공포로 몰아넣었던 조상을 둔 이들 이민족(즉 무슬림 무어인)이 그 땅에 문명의 이득을 전해주려고 기다리는 기독교도를 경멸하는 이유로서 그들 자신이 알고 있는 것보다 더 많은 것을 나는 깨닫기 시작했다.

탕헤르의 아름다움은 많은 것들에서 찾을 수 있다. 남자들의 수도승 같은 복장, 그리고 흰 천으로 몸을 가린 여인들의 모습, 또 하늘과 바위를 향해 몰려오고 삼각돛의 펠루카 선(船 : 지중해 연안의 세대박이 삼각돛의 작은 배)을 좌우로 흔들어대는 바다의 청명함이 그러하고, 모스크의 녹색 탑들, 일단의 흰 지붕들 사이에 솟아오른 큰 야자수의 축 늘어진 잎들, 그리고 무엇보다 저자거리의 모습과 움직임에서 그러하다.

거리들은 완전히 균일한 모습을 연출한다. 넓어 봐야 3야드 정도의 폭에 모든 이가 밀치고 다니고 모든 이가 팔 물건을 가지고 있거나, 아니면 적어도 할 말을 가지고 있다. 모두 한꺼번에 말하고 소리치고, 당나귀에게 고함치고 몸을 스치는 누구에게나 욕을 하기 때문이다. 한편에서는 물장수가 염소 가죽 자루를 등에 지고 물이 나오는 관을 손가락으로 막은 채 당신 곁을 밀치고 지나가고, 다른 편으로는 에나멜 가죽의 부츠처럼 검게 빛나는 한 노예가 화려한 장식을 한 멋지고 흰 아라비아 말 위에 올라앉은 그의 주인을 위해 길을 트면서 길을 막는 당나귀들에게 쌍욕을 한다. 다른 이유가 아니라 해도, 노예를 보고 또 그 노예 가격이 어디서나 100~200달러 사이라는 사실을 아는 것만으로도 탕헤르는 가 볼만한 가치가 있다. 구舊 세대들에게는 맞지 않을 수 있으나 현재 세대 리치몬드가 정복된 후에 태어난 사람들 - 에게는, 당신네 동족과 같이 멋지고 건장하고 인간다운 한 사람을 보면서 그가 더 좋은 보수를 받기 위해서 파업을 하거나 특등객차의 짐꾼으로 일하거나, 이발소를 소유하지 못하고 페즈에서 그의 주인이 지불한 200달러에 평생을 일해야만 한다는 사실을 깨닫게 되는 것은 새롭고 충격적인 것이다.

탕헤르에는 내가 그 같은 크기의 다른 도시 어떤 곳에서도 볼 수 없었던 더한 활기가 있다. 모든 사람이 상점과 커피숍에서 다리를 꼰 채 쳐다보거나, 거리에서 달리거나 밀치거나 소리를 지른다. 이런 것은 아주 곤혹스러운 것이다. 당신이 특별히 큰 몸집의 무어인이나, 조야한 눈에다 말의 갈기같이 긴 머리를 한 사막에서 온 반라의 성자를 보려고 돌아선다면, 물통을 지고가는 나귀의 행렬에 밟히거나 8피트 길이의 장총을 가진 군인에 의해 다른 한쪽으로 밀려버릴 수 있다.

천으로 몸을 가린 여성의 모습에는 끊임없이 흥미를 자아내는 것이 있다. 그들은 당신으로 하여금 아메리카 도시 여성의 노출된 얼굴을 보는 것을 자못 부끄러워하도록 만든다. 그리고 그 반대의 증거가 없는 상황에서, 당신은 당신이 만난 무어족 여인이나 소녀들이, 그 눈을 통해서 보는 만큼이나 아름답다고 생각하기 시작한다. 내가 그 얼굴을 본 무어족 소녀들은 분명히 아름다웠다. 그들은 벤자민 콘스탄트가 알제(알제리의 수도)의 그림들에서 그린 여인들이었고, 또 피에르 로띠가 탕헤르에 관해 쓴 책에 열중했던 이들이었다. 그들의 의상이나 외투, 혹은 그들이 즐겨 입는 그 무엇이건 간에 그것은, 두건처럼 머리를 덮고 있고, 또 그들은 한 손으로는 그 한 주름자락을 잡거나, 그 적당한 곳을 이로 물고 있다.

그들 가운데 일부 여인의 얼굴을 내가 본 유일한 때는 내가 가끔 마흐무드를 따돌리고 두 명 미국인 여성의 특별 보호자로서 몸집 작은 이삭을 데리고 일탈했을 때였다. 그녀들이 호텔에 남기를 원하여 이삭을 내게 빌려주었기 때문이다. 그는 아주 준수

모로코의 향료장수

한 청년인데, 그가 나와 함께 있을 때마다, 여인들은 한순간 이삭을 보기 위해서 덮개를 느슨하게 내려놓았다가 다시 콧등 위로 다소곳이 올려 놓곤 했다. 그러면 이삭은 수줍은 미소를 지으며 나를 향해 돌아보고는 짙은 홍조를 띠었다. 이삭의 말로는, 탕헤르의 젊은이들은 여자들의 다리만 봐도 그녀가 예쁜지 아닌지를 알 수 있다고 한다. 여자들의 다리가 노출되어 있는 것은 사실이지만, 그렇게 신부를 고르는 것이 내게는 다소 무모한 모험 같아 보였다. 탕헤르로 오고 싶어 하는 이들에게 나는 이삭을 추천할 것이다. 그는 8개의 언어를 구사하고, 18살이며, 아름다운 이민족 고유 의상을 입고 있으며, 언제나 쾌활하다. 그는 특히 거래에 밝으며, 2달러 남짓한 돈을 가지고 반 시간 정도를 상점 주인과 싸우는 그를 앉아서 보는 것으로 여러 번 나를 즐겁게 했다. 그는 탕헤르에서 가장 연장이며 최고의 농지를 가진 무어인에게 맞먹는 적수였다. 그는 그들의 노여움이나 경멸, 또는 그들이 건네주는 뇌물, 그들의 길고 흰 수염 등에 아랑곳하지 않았다. 때로 그는 일갈하며 그들을 - 그들과 그들이 제안하는 가격에 대해 - 꾸짖는가 하면 다시 애처롭게 호소하며 그들과 협상을 하는 것이다. 그랬다가 다시 발을 구르고 화를 내고 손바닥으로 그들을 치며, 짐짓 울분을 터뜨리며 뛰쳐나오곤 했다. 그들이 그를 다시 불러들이면, 양자가 적정한 이익을 보는 선에서 다시 한번 흥정이 이루어진 것이다. 그와 반대로 마호무드는 언제나 상점 주인들이 요구하는 대로 지불하고, 여느 안내자들이 그러하듯이, 나중에 상점 주인들로부터 수수료를 챙겼다. 그러나 이삭은 달려들어 급기야 절반 값으로 깎아내리도록 그들을 다그쳤다. 이삭은 칼프 Calpe 호텔에 가면 만날 수 있고, 그에 대한 이 정보가 쓸모가 있을 어떤 일에도 적합하다.

내가 모로코에 관한 책을 읽고 알게 된 것이 있는데, 상점에 있는 어떤 물건 값이 3달러라고 하면 당신은 1달러 하자고 제안한다고 치자. 그러면 무어인은 알라의 이름으로 모독 받은 사실을 기록해 놓으라 하고는 당신에게 함께 앉아 커피 한잔 마실 것을 제안한다. 그리고는 옥신각신 싸우다가 2~3시간이 지난 다음 마침내 당신이 원하는 것을 2달러에 얻게 될 것이다. 누가 몇 달 동안 절약을 하여 너무나 갖고 싶어 하는 것이 있다면, 이런 거래는 오히려 즐거운 것일 수도 있다고 나는 생각한다. 내가 경험한 첫 번째 사안은, 내가 장총을 너무나 갖고 싶었는데, 무어인이 12달러를 요구했다. 나는 그에게 8달러를 제안했다. 그런 다음 나는 그가 수염을 뜯고 터번을 풀면서 알라에게 큰 소리로 호소하기를 기다렸는데, 그는 아무런 행동도 하지 않았고, 그저 총을 제자리에 갖다놓고는, 긴 수염의 한 친구와 내가 끼어들어 무례하게

모로코의 전통춤

방해했던 대화를 계속했다. 내가 어떤 말을 해도 그는 전혀 영향을 받지 않았으며, 나는 너무나 부끄럽고 너무나 초라한 느낌을 가진 채 그곳을 떠날 수밖에 없었다. 이튿날 호텔의 한 투숙객이 14달러를 지불하고 그 총을 가지고 들어왔는데, 그는 50달러에도 그것을 팔지 않겠다고 말했다. 본국에서 그것을 사려면 그보다 더 비싼 값을 지불해야 한다. 이런 사건은 항상 여행 안내서를 따라서도 안 된다는 점을 보여준다.

탕헤르에서 안내자가 당신에게 보여줄 것은 다섯 가지이다. 카바레 café chantant, 총독의 궁전, 감옥, 남자들이 들어가지 못하는 하렘이 있고, 시장으로 당신을 안내해 갈 것인데, 이것은 당신 혼자서도 둘러볼 수 있다. 시장은 돌로 된 바닥 위에 가리지 않은 노천의 장소이며, 상가가 줄지어 있다. 장날에는 몸을 가린 수천 명의 사람들이 모여서 채소와 계란, 대추야자에서 양고기 허리부분에 이르기까지 온갖 종류의 식용품을 팔거나 팔려고 애를 쓴다. 이것은 아주 감동적인 장면이다. 당신 발밑의 노란 멜론 더미 위에서는 야자 잎으로 만든 매트(멍석) 사이로 햇빛이 새어나오고, 낙타 행렬은 알곡 먹이를 보고는 체면을 버리고 달려들고, 춤추는 남자, 뱀을 부리는 마법사, 배우들처럼 유창한 이야기꾼들이 사방에서 소란을 떤다.

카바레는 매트로 구획을 한 긴 공간으로, 바닥에는 양탄자가 깔려 있고 그 위에 연주자들과 단골 고객들이 앉는다. 이들은 카드놀이를 하고 긴 담뱃대 담배를 피우면서 연신 주석 재떨이를 두들긴다. 음악은 매우 기이해서, 간단하게 소개한다면, 갑작스레 노래를 불렀다가 갑자기 중단할 때가 잦으며, 노래는 끝났다고 당신이 생각할 때 다시 시작

된다. 이 장소는 방문하는데 특별히 흥미로운 곳은 아니지만 이곳과 호텔 흡연실 사이에서 다른 어떤 선택의 여지가 없다. 탕헤르는 밤에 사람들이 많이 돌아다니는 그런 도시가 아니다. 또 손님들은, 알제리 전시 박람회에서 파리를 너무나 놀라게 했던 춤을 추는 무어의 여인女人 댄서를 볼 수 있다고 말해준 장소로 갈수도 있다. 나는 또 다시 놀라고 싶은 마음이 없어서 보러 가지 않았으므로 그들이 어떠한지를 말해줄 수가 없다. 그러나 확실하게 말할 수 있는 것은 이민족의 토착의 삶에서 생생하고 고유한 것, 안내자의 계획 속에 없는 것을 보려 하는 탕헤르의 방문객들은 참으로 가볼 만하다는 것이다. 안내자들이 여성 관광객들을 안내해가는 하렘은 진짜 하렘이 아니고, 이방의 여인들이 와서 볼 수 있도록 짐짓 전직 지사의 과부가 그 딸들과 함께 앉아있는 가정이다. 그것은 작고한 관리의 과부 입장에서는 아주 고상하지 못한 행위이며, 그녀가 그런 짓 하는 것을 다른 사람 아무도 모르고 안내자들만이 알고 있을 뿐이다. 이런 사실을 내가 깨닫게 된 것은 일부 아메리카 여인들을 통한 것인데, 이들은 아침에 이삭과 함께 그곳으로 갔고 또 오후에 (그 미망인의 친구인) 영국 여성 거류 이방인의 소개로 같은 장소를 방문하게 되었다. 그 영국 여성은 하렘의 내부를 보았다고 생각하는 아메리카 여인들을 내심 비웃었고, 다른 한편 아메리카 여인들은 영국 여인의 친구들(원주민 미망인의 가정)을 이미 방문했고 방문의 대가로 그 돈을 지불한 사실이 있었음을 그 영국 여인에게 말하지 않았다.

또 다른 볼거리는 총독의 궁전과 감옥이다. 궁전은 매우 우아한 무어식 건물이지만, 감옥은 아주 더럽다. 관광객이 그곳에서 볼 수 있는 것이란 고작, 유일한 출입구로서 견고한 나무로 된 양 문짝에 제각기 뚫려있는 구멍을 통해서 볼 수 있는 약간의 것이다. 죄수들에 대해서도 많은 것을 볼 수가 없다. 구멍에 얼굴이 나타난 것을 깨닫는 순간 그들은 양식을 구하기 위해 만들어서 파는, 야자수 잎으로 된 바구니로 그것을 막아버린다. 정부는 탕헤르에서 값비싼 물을 공급하지 않고, 굶어 죽어가는 경우가 아니면 이들에게 빵도 주지 않는다. 정부는 형기를 다 채울 때까지 범죄자의 가족이나 친구들이 죄수가 살아가도록 돌보기를 바라는 것이다.

이 감옥과 관련하여 술탄의 입장과 수감자들에게 가해지는 잔인성에 대해, 특히 최근《런던 타임즈》에 기고한 맥켄지 씨에 의해 많은 글들이 씌어졌다. 탕헤르에 있는 4개의 정사각형 벽돌들로 싸인 감옥 안에는 광인, 반쯤 기아상태에 있는 살인자와 반도들이 쇠사슬에 묶인 채 병과 기아로 죽어가고 있으며, 죽을 때까지 고문당하고 굶주림에 시달린다고 한다. 이 때문에 모로코에서는 아무도 10년 혹은 12년 형 이상을 선고받지 않는데, 풍문에 따르면, 그 이유는 형기를 마치기 전에 죽을 것이 확실하기 때문이라는 것이다. 내 생각에, 만일 이런 풍문이 떠도는 것이 사실이라면 내가 감옥을 방문하여 그곳에서 본 것을 알릴 만한 가치가 있을 것 같다. 탕헤르에 거주하는 두 명의 외국인을 제외하고는, 최근 '10년' 동안 술탄의 감옥을 방문하도록 허가를 받은 사람이 아무도 없었다는 사실을 내가 전해 들었을 때, 나는 술탄이 드러내기를 원하지 않는 어떤 것이 그곳에 있구나 하는 의심을 갖게 되었다. 그런 의심을 갖는 것은 무리가 아니었다. 그래서 나는 감옥으로 들어가보려고 궁리를 하게 되었다. 내가 어떻게 노력했는지를 상세히 설명하거나 어떤 계획을 수립했는지를 말할 필요는 전혀 없겠다. 다만 나의 온갖 노력이 완전히 수포로 돌아갔다는 말로 충분할 것이다. 재미있는 것은, 자신의 동향인들이 의미있는 것으로 생각하는 논쟁과 귀납을 해 바보 같은 것으로 보고 이해를 못하는 한 민족을 목격하게 되었다는 사실이다. 나는 이틀 동안 감옥의 외벽을 찾아갔고, 감독관의 휘하 부사관들의 비웃음을 샀다. 그들은 궁전의 차가운 현관에 조용히 앉아서 궁전 뜰에서 태양에 작열하는 돌들을 초조하게 걷어차고 있는 나를 지켜보았고, 그동안 감독관은 유감의 뜻을 정중하게 전해왔다. 급기야 나는 이 문제에 총영사를 끌어 들였고, 그런 과정에서 나는 감옥 방문의 허가를 얻어내든가 아니면 미국이 선전포고를 하는 수밖에는 도리가 없음을 알게 되었다.

두 가지 경우가 다 저돌적이고 파국적인 앞날을 예고하는 것 같았다. 그때 총영사인 매튜스 대령이 나와 의견이 달랐지만, 내가 감독관을 만날 수 있도록 주선을 했고, 같이 만난 자리에서 내가 감옥으로 들어가는 문제를 거론하기로 약속했다.

'풀다' 증기선에 승선했을 때 식탁에서 나는 《에반젤리스트(복음주의자)》의 편집인이며 많은 곳을 여행한 것으로 이름난 목사 Rev. 헨리 M. 필드 박사의 옆에 앉는 행운을 누린 적이 있었다. 배를 타는 동안 나는, 그가 좀 더 잘 알고 있었으면 하는 나의 바람에도 그 자신은 모르고 있는 인생의 일면이 있음을 들어서 박사를 힐책했고, 또 우리가 같은 목적으로 같은 여행을 하는 기회를 타서, 그가 모르고 있는 것 같은 소싸움, '픽 스티킹' 게임(막대기를 느슨하게 쌓아놓고 하나씩 들어올리는 게임), 카바레, 그외 해외여행에서 누릴 수 있는 흥밋거리를 소개하겠다고 제의를 했다. 그는 엄숙한 얼굴로 내 제안을 거절했지만 내 생각에 그도 약간의 아쉬움은 가시지 않았나 싶다. 그럼에도 나는 그가 탕헤르에 있었다는 것, 또 그가 지사의 궁을 방문하는 집단의 일원이었던 사실을 알고는 기뻤다. 내가 감옥을 방문하고 싶어 하는 것을 알고 필드 박사는 내 청원서에 자신의 것을 더해 주었다. 그때 매튜스Mathews 대령은 우리 둘이 다 미국에 가버렸으면 하는 바람을 가졌던 것으로 나는 확신하고 있다.

우리는 먼저 술탄의 외무장관을 방문했다. 그는 거리로 난 입구 옆 멋진 현관에서 연결되어 있는 작은 방에서 우리를 맞이했다. 가구는, 내가 주의해서 본 바로, 안락의자와 양탄자가 아니라, 3류 프랑스 호텔의 거실에서 볼 수 있는 것 같은 붉은 견면 벨벳과 호두나무로 된 한 벌의 소파와 의자들 뿐이었다. 외무장관은 상냥하고 친절한 노신사로 멋진 턱수염은 허리 부분까지 내려 왔지만, 머리에는 감기 기운이 있어서 붉고 큰 손수건을 공처럼 말아 쥐고 코에 계속 갖다 대고 있었다. 그런 모습은 나머지 복장이나 위엄 있는 그 외관에 잘 맞지 않았다. 그와 필드 박사는 통하는 점이 있었다. 둘이 다 70세였으며, 또 둘 다 서로 다른 자신들이 다니는 교회에서 매우 존경을 받았다. 사실, 외무장관은 참으로 호의적이었고, 매튜스 대령을 통해, 필드 박사가 편안한 얼굴을 하고 있으며, 그런 모습은 그가 종교적 생활을 실천했음을 증명하는 것이라는 말을 전했다. 그는 오히려 나를 무시했는데, 특히 박사와 두 사람이 알라의 축복이 있기를 기도했을 때, 나는 거기서 제외 되었다. 내 생각에 그 기도의 말은 필드 박사가 평소에 사용하는 어투와는 아주 다른 것이었다.

그런 다음 우리는 요새와 감옥, 재무성과 감독관의 저택이 있는 언

모로코 카사블랑카

덕으로 걸어올라 갔고, 지난 이틀간 내가 처한 질곡을 즐기던 바로 그 신사에 의해 감독관의 저택의 입구로 안내되었다. 그즈음 아주 공손하게 한 그들은 2열로 서서 궁전 홀(현관)로 들어서는 매튜스 대령에게 멋진 존경의 경례를 올렸다. 우리는 다채로운 타일과 복잡한 디자인의 당초(소용돌이)무늬 장식의 아치로 덮인 3개의 홀을 지나갔다. 그 방들을 다 지나자 감독관이 서서 우리를 기다리고 있었다. 그는 내가 본 무어인 중 가장 멋진 풍채를 하고 있었으며, 이렇게 말하는 것이 좀 이상하긴 하지만, 내가 보아온 모든 나라의 신사들 가운데서 가장 완벽한 형태를 갖추고 있는 것 같았다. 그는 대략 6피트 정도는 되며, 6피트 키에 직립해있는 군인의 모습과 여인의 우아함을 지니고 있었다. 그 얼굴의 골격은 강면서도 균형이 잡혀있으며, 친절함에 자긍심을 갖춘 것 같았고, 항상 정중했다. 만일 당신이 여기다 화려한 의복과 신부新婦와 같은 깨끗하고 부드러운 흰 예복을 곁들인다면, 참으로 멋진 사람이 되었을 것이다. 그 감독관은 우리들 가운데 가장 큰 키에다, 갈색과 짙은 청색의 망토, 밝은 청색 비단으로 된 긴 양복 조끼, 노란색 신발, 양동이처럼 큰 하얀색 터번을 하고 있었고, 헐렁한 바지는 레티 린즈Letty Lind의 (바시같이) 분할된 스커트처럼 넉넉했다. 영어를 구사하지는 못했으나, 그는 무어인들 간에도 서로 하지 않는 악수를 우리와 나누었고, 앞장을 서서는 정원과 홀을 지나고 계단을 올라서, 안락용 소파, 그리고 조각된 천장과 타일로 된 벽으로 가득한 작은 방으로 갔다. 우리가 그곳에 앉자, 긴 붉은색 망토에다 많은 칼들을 몸에 찬 군인이 우리에게 차와 완전히 설탕으로 만든 단 과자를 가져다주었다. 우리가 한 잔을 비우면 그는 또 다른 잔을 가져왔는데, 이런 것을 보면서, 나는 삼가며 마셨다. 그러나 박사는 첫 잔을 비운 다음 더는 거절했는데, 급기야 총영사가 그에게 마셔야 하며 그렇지 않으면 실례의 죄를 범하게 된다고 귀띔을 했다.

감독관과 매튜스 대령은 함께 대화했고, 우리는 그 감독관에게 장황하고 공들인 찬사를 드렸다. 그는 답례로 관대한 미소를 지어 보였으나 그 찬사에 의해 도무지 감동을 받은 것 같지는 않아보였다. 오히려 상류 사교계의 일원 같았고 싫증이 났으나 예절바르게도 그런 것을 표현하지 않았다. 꼭 오델로역의 살비니 같은 모양같았다. 같이 차를 마시는 동안, 우리는 매튜스 대령에게 귓속말로, 그가 하겠지만 외교적으로 풀어야 한다고 말했던 우리의 감옥 방문 건을 감독관에게 제안하라고 재촉했다. 우리는 죄수들에게 빵과 물을 주거나 아니면 간수들에게 현금을 주거나, 아니면 매튜스 대령이 보기에 감독관이 가장 반가워할 어떤 것을 제공하겠다는 뜻을 매튜스 대령에게 전했다. 그제서야 그와 감독관은 그에 관한 이야기를 시작했고, 나와 박사는 짐짓 천정을 보고 있었다. 감독관은 자신이 탕헤르의 총독이 된 이후, 내국인이든 외국인이든 감옥에 들어가는 것을 허용한 적이 없다고 말했다. 그리고 만일 감옥을 방문하는 유럽인이 있다면, 그는 감옥에 갇힌 광신자들에 의해 갈기갈기 찢길 것이라고 했다. 광신도들은 (무슬림교도가 아닌) 비신자를 능욕함으로써 알라를 기쁘게 한다고 믿는다는 것이다. 매튜스 대령도 한마디 거들면서, 우리가 무서운 병에 걸릴 수도 있다고 했다. 그러나 그들이 우리가 감옥에 들어가지 않는 것을 원하는 만큼, 우리는 더 가고 싶어졌고, 박사는 특종기사를 좇는 뉴욕 신문사 기자다운 예리함과 순발력의 기지를 발휘했다. 나는 이런 표현 이상의 찬사를 그에게 바칠 수가 없다. 장시간 시끄럽고 격앙된 시비 끝에 총독이 항복하고 총영사(매튜스 대령)가 이겼다.

그들이 우리에게 보여준 첫 번째 감옥은 사람들이 한 달여 머무르는 군county 구치소였다. 그곳은 누추하기 짝이 없는 곳이어서, 우리는 그곳이 감독관이 보여주라고 한 곳이 아니라고 항의하고, 정치범이 갇혀 있는 곳을 보여 달라고 요구했다. 매튜스 대령은 총감독의 군인들을 불렀고, 바로 옆에 있는 더 큰 감옥으로 가게 되었다. 얼마 전에 그곳 수감자들이 자유를 얻기 위해 탈출을 했을 때, 바깥세계로부터 내부를 차단하고 있던 문 하나가 파괴되어 개방되었다. 사건 당시 경비병들이 그들 무리를 향해 총을 발사했으므로, 그곳에는 총알 박힌 곳이 있었다. 이런 사태가 재발하지 않도록 문 주변의 벽돌에 3개의 두터운 차단봉이 설치되었는데, 너무 촘촘하게 나열되어 있어서, 문이 열린다 해도 한꺼번에 한 사람 이상은 출입할 수가 없었다. 입구 틈새도 매우 좁아서 출입을 하려면 손과 무릎으로 기거나, 아니면 차단봉이 있는 높이만큼 몸을 올려서 발을 앞으로 뻗은 채 힘을 주어 나가야 한다. 당신을 갈기갈기 찢어 버리려고 벼르는 사람들이 있는 곳으로 들어가는 이런 정치가 특히 나를 곤혹스럽게 했다. 내가 박사에게 이런 점에 대해 알려주었는데도, 그는 안색이 조금 변했을뿐 단호했다. 그즈음 경비병들이 문을 휙 열었고, 수감자들은 10년 만에 처음으로 큰 키에다 한 쌍의 노란색 승마용 부츠를 신은 한 기독교 신사, 그 뒤로 한 젊은이, 또 조금 뒤에는 하얀 타이를 맨 노신사가 따라오는 모습을 보게 되었다. 우리는 서로 한덩어리가 되어 감옥 안으로 들어갔는데, 그곳 천정에는 철봉으로 안전장치가 마련된 사각의 개봉구가 있어 빛이 들어오고 있었다. 그것이 유일한 빛이었다. 그 안뜰patio 혹은 정원이라고 할 만한 그 곳의 사면은 온통 주랑현관portico을 받치고 있는 기둥들이 서 있고, 그 뒤쪽으로 두 번째의 바깥 주랑corridor이 있어서 이쪽 주랑현관과 안뜰이 연결되어 있었다. 안뜰, 주랑현관, 바깥 주랑, 이 모든 곳이 뉴욕 극장의 무대 정도 만큼 한 크기였다. 그곳은 더럽고 깨진 석판의 바닥에 지푸라기가 깔려있었고, 가구 같은 것은 없었다. 바깥세상에는 햇빛이 찬란하게 빛나고 있었으나, 개봉된 천정의 바로 아래 우리가 밟고 서 있던 저지대만 제외하고 그곳은 거의 완전한 암흑이었다.

나는 그곳에 50 혹은 60여 명의 사람들이 수감되어 있는 것으로 감지했고, 한순간 그들 중 아무도 움직이지 않았다. 그들이 우리를 바라

보던 모습에서 판단하건대, 마치 무언극에 나오는 도깨비처럼 우리가 숨어 있다가 튀어 오른 것처럼, 그들은 아주 놀라워하는 기색이 분명했다. 그들 중의 절반이 일제히 손과 무릎으로 우리를 향해 기어왔다. 그들은 반라 상태였으며, 머리카락이 내려와 눈을 덮고 있었다. 이런 그들의 행색과 하나같이 걷지 않고 우리를 향해 기어서 오는 모습은 마치 그들은 동물처럼 보였다. 그들이 앞으로 나올 때 쇠사슬이 철렁거리는 소리가 들렸는데, 그들이 사람처럼 서지 못하고 그렇게 기어온 것이 그들 다리에 족쇄가 채워져 있었기 때문이었음을 나는 알게 되었다.

우리를 따라 들어왔던 간수들은 2분 만에 그 뒤쪽에 있는 문을 잠가버렸다. 나는 그 사실에 대해 내 앞에서 보는 광경보다 더 신경이 많이 쓰였다. 그곳에서 사지를 찢기게 되는 불상사가 벌어지게 된다면, 나는 문이 다시 열리게 되는 동안 기다려야 하는 곤혹스러운 처지에 빠질 것이기 때문이다. 이런 염려가, 완전한 어둠 속에서 손과 무릎으로 우리를 향해서 다가오는 더럽고 조야한 사람들을 목격하는 충격과 더불어, 감옥을 방문하는 동안 내가 처했던 유일하게 인상 깊은 상황이었다.

수감자들은, 머리카락이 더 길고 옷이 그다지 희지 않다는 사실만 제외하면, 바깥의 가난한 무어족과 똑같아 보였다. 그런데 그 중 한 사람이 술탄의 자문단같이 좋은 옷을 입고 있었고, 유일하게 그가 우리의 출현에 대해 유감을 가지고 있는 듯했다. 다른 이들은 호기심을 가지고 우리를 쳐다볼 뿐 아무런 움직임이 없었는데 말이다. 돈을 구걸하러 손을 내미는 일도 없었다. 그들은 매우 지저분하고 초라한 옷을 입었고, 오랜 수감 세월로 여위고 창백했으며, 다리에 채워진 철제 족쇄가 그들을 불편하게 했다. 감옥의 분위기는 매우 을씨년하고 불결한 느낌이었지만 뉴욕시의 관할 경찰서에서 밤이면 남녀를 각기 수감하는 보호실의 분위기보다 더 열악한 것은 아니었다.

실로, 나는 술탄 감옥 자체보다는, 문명 발달의 정도를 감안해 볼 때 우리들 자신이 그들보다 크게 더 나은 것이 없다는 사실에 더 충격을 받았다. 내가 발하는 것은 우리의 큰 감옥이 아니라 경찰서의 감방과 부랑자 수감실이다. 거기에 부랑자들은 경사진 판자가 주어질 뿐 환기 시설이 없다. 탕헤르에서는 수감자들에게는 짚이 주어지고 천정이 개방되어 있다. 솔직히, 감옥 죄수들의 상황을 그들 가정의 것과 비교해 보아야 하는데, 하층민 무어인의 가정도 마구간 같고, 마구간은 돼지우리 같다. 탕헤르의 빈자는, 술탄의 자비 아래, 한 모스크(이슬람교 사원) 입구 주변 맨바닥 돌에서 잘 수 있도록 허용된다. 빈한貧寒한 병자를 위한 주랑柱廊이 지어졌는데, 이것은 5번가(뉴욕 번화가)의 전용버스만한 크기로 모스크 맞은편에 있다. 이것이 탕헤르의 병원이라 불리는 곳이다. 이곳은 병자와 노숙자를 위해 아주 좋은 공간으로 간주된다. 밤만 되면 노천의 거리나 주랑의 좁은 지붕 아래, 비와 추위에 노출된 채, 넝마 뭉치들이 깔리는 것을 보게 될 것이다. 무어인들이 느끼기에 만일 이런 것이 병자와 빈자를 공정하게 대우하는 것이라고 한다면, 범죄자와 살인자들에게 매일 아침 흰빵과 새로 말아 올린 터번을 공급해주기를 그곳 사람들에게 기대할 수는 없는 것이다.

술탄의 감옥에서 내가 사람들이 굶주리거나 너무 아파서 서지를 못한다거나, 쇠사슬로 벽에 묶여있다거나, 미치거나 역겨운 병에 걸려있는 등 참담한 것들을 보았다면, 정말 적극적으로 그에 대해 다른 사람들의 주의를 환기시켰을 것이다. 그리고 그것은 인도적인 동기라기보다 기사거리가 되기 때문이었을 것이다. 그러나 그런 것들을 나는 보지 못했다. 필드 박사가 받은 인상은 나와 달라서, 우리가 보지 못한 바깥 주랑에는 너무 끔찍해서 믿기 어려운 많은 것들이 있었을 것이라고 생각한 듯하다. 그는 이것을 단테의 제9지옥에 비유하면서, 내가 그 바깥 주랑으로 나가보려할 때 간수가 나를 도로 불러들였던 사실을 환기시켰다. 그런데 박사가 간수와 함께 우리가 되돌아가도록 열린 문으로 다가가고 있을 때 내가 바깥 주랑 안으로 들어가 보았는데, 거기에는 지푸라기 외에는 아무 것도 없었다. 내가 보기에 그곳은 지붕의 열린 공간으로 비가 들어와서 안뜰에 있기가 불편할 때 사람들이 들어가서 자는 공간 같았다.

내가 감옥을 한사코 방문하고자 한 사실이 이방인들이 불청객으로서 억지로 모로코로 들어오는 이방인들에 대해 내가 한 말과 모순되는 것처럼 보일 수도 있다. 그런데 이들 감옥의 참담함을 듣고 내게 말해준 사람들은 그 참담한 진실에 대해 자신은 죄가 없는 것처럼 생각한 것이 확실하다고 나는 생각한다. 내가 이해할 수 없는 것은, 이런 이야기를 하는 공사관 직원들이 그런 사실을 믿는다면, 자고새와 야생곰을 보호하는 사냥의 규칙을 제정할 것이 아니라, 감옥의 상황을 개선하는 데 그 영향력을 왜 사용하지 않는가 하는 점이다. 다만 최근 10년간 감옥을 방문한 적이 있다고 내게 말해 준 두 명의 신사가 아메리카 총영사와 또 다른 현지 거주 미국인이었던 사실에 대해 말하는 것으로 약간의 위로가 될 것이다. 이들은 둘 다 수감자들에게 음식을 제공했으며 그들이 본 바를 우리 정부에 보고했다.

대체로 탕헤르는 문명에 의해 왜곡된 기이한 존재 같은 인상을 풍긴다. 야간에 전등불을 켠 야만세계는 매력적인 것이 아니다. 탕헤르가 여행객들에게 갖는 의미는 오히려 테투완이나 페즈로 향하는 징검돌이라는 사실에 있다. 테투완은 하루에 닿을 수 있는 곳으로, 그곳 무어인들은 순수하고 단순하고 야만적이고 아름답다.

III
지브롤터에서 카이로까지

약간의 장소와 사물들은 영국 소설로 인해 우리에게 너무나 잘 알려져 있어서, 현장까지 가거나 여행 안내서를 살펴볼 필요도 없이 직감적으로 또 언제나 친숙하다는 느낌을 갖게 된다. 패딩턴역은 탐정이 쫓기는 범죄자의 짐을 옮긴 짐꾼을 심문하는 장소, 또 여자 가정교사가 장차 그댁 안주인으로부터는 괴롭힘을 받으나 집안의 모든 남성들로부터 사랑을 받게 될 시골 저택으로 가기 위해 기차표를 사는 곳으로 우리는 알고 있다. 또 'P. & O. 기선'이 핸섬형 2륜 마차와[10] 같이 영국 소설 속에 등장하는 남녀 주인공들에 의해 거의 보편적으로 사용되는 운송수단이라는 사실도 우리는 잘 알고 있다. 배 위에서 여주인공은 자신의 운명과 조우한다. 그 운명은 인도에서 고향으로 돌아가

10) 1834년에 조셉 핸섬(Joseph Hansom)이 고안한 2인승 2륜 마차임.

는 젊은이로 구체화되거나, 혹은 그녀가 호주로 가는 길에 배가 난파하여 무인도에 닿고 그곳에서 유일하게 생존한 남자 승객이 그녀의 등에 문신으로 유언을 새겨 그의 전 재산을 그녀에게 남기고 죽어가는 그런 것이다.

오래전 기선의 행렬이 스페인 반도를 향해 달렸다. 급기야 그들은 로마인들이 자신들의 검劍을 줄여 나가듯이 그들의 돛을 점차 단축했고, 또 로마인들같이 오리엔트로 그 범위를 확장해 나갔다. 그 노선은 지금 전통, 관례, 가문의 문장, 해묵은 농담을 동반한 한 명물이 되었다. 당신이 처음으로 'P. & O. 기선'의 갑판에 오르는 순간, 당신은 이미 평범한 승객이 아니라 3권 정도 분량 소설이나 런던 '그래픽(도판)'지에 실린 한 사진의 일부가 되고, 또 온갖 종류의 일들이 임박하고 발생 가능하다는 느낌을 갖게 된다. 승선하기 전에는 그런 것이 당신에게 일어나지 않았겠지만, 뱃전에 오르자마자, 당신은 레이스(가장자리 장식)와 부채, 탕헤르로부터 온 단검, 지브롤터의 사진들, 그리고 외국으로 가는 승객들이 살 만한 그 같은 다른 잡화들이 갑판 위에 흩어져 있고, 작은 몸집에 맨 발의 인도인 선원이 붉은색 터번과 푸른색 긴 셔츠에다 몸에 컴버밴드(한 면을 가진 조끼) 걸친 모습 등을 보기를 기대한다는 것, 또 '(정식의) 점심식사' 대신 '티핀'11)을 대접받게 될 것이라는 사실을 깨닫게 된다.

통통하고 작은 인도인 선원은 하늘을 배경으로 윤곽을 드러낸 경쾌한 배에서 균형을 잡으면서, 동아줄(굵고 튼튼한 밧줄)이 프로펠러에서

11) 간단한 인도풍의 점심 식사.

완전히 떨어져 올라갈 때까지 붉은 깃발을 높이 들고 있었다. 그가 하얀 깃발을 머리 위로 높이 들고 '자유의 여신상'처럼 부동자세로 서 있는 동안, 수틀레지호는 지브롤터의 최남단Europa Point을 떠나서 동쪽으로 향했다. 그러자 배는 갑판 너머 물에 부딪히고 옆으로 기우뚱하면서, 굼뜨고 조야한 단조음으로 파도를 향해 탄식한다. 태양은 마법같이 배 위로 내려앉아 처음 조우한 그 어디서나 우리를 나태한 붙박이 같은 것으로 바꾸어 버리고는, 북쪽으로는 스페인의 시에라 네바다의 눈 덮인 정상들, 그리고 남쪽으로 아프리카의 어렴풋한 푸른산들을 비추어 주었다. 아래쪽 갑판은 도마처럼 하얗게 닦여져 있고 돛대와 삭구12)는 천막 천정 위로 검은 그림자를 드리우고 있으며, 사방으로 푸른 지중해와 그보다 더 푸른 지중해의 하늘이 만나서 서로 마주보는 거울처럼 상대의 찬란함을 반사하고 있었다.

나흘 동안 낮에는 태양이, 밤에는 달이 수틀레지호를 반겼다. 또 아프리카 해안은 배의 우현을 따라 숨바꼭질을 하면서, 한 시간여 자욱한 흰 안개 속으로 사라졌다 하면 다시 지척에서 우리를 따라오곤 했다. 다른편에서는 배가 아주 빈번하게, 그것도 아주 가까운 거리에서 지나갔으므로, 안경 없이도 갑판 위의 사람들을 셀 수 있고 그 깃발의 신호를 가려낼 수 있었다. 빙산이 육지를 대신하고 부정기 화물선만이 가끔씩 시선을 흘리는 북대서양의 고독은 이곳 바다와는 다른데, 그것은 마치 광활한 초원을 철도로 여행하는 것이 뉴욕에서 워싱턴까지 소풍을 가는 것 같다. 두 번째 밤이 지날 무렵이면 바깥으로 알제

12) 배의 돛대·활대·돛 따위를 다루기 위한 밧줄·쇠사슬·활차 등의 총칭.

(Algiers: 알제리의 수도)가 보인다. 그곳은 밤이면 백만 마리의 개똥벌레(반딧불)처럼 명멸하고, 마치 검역소가 우리 중 일부에게 미리 경고를 하지 않기라도 한 것처럼, 선명하고 한결같은 등대의 눈동자가 우리에게 가까이 오지 못하도록 경고를 보낸다. 세 번째 밤이 되면 우리는 '봉Bon 케이프'를 지나게 되고 곧 감질나게 지척의 거리에서 튀니지가 그곳 등대 뒤에 있다는 것을 알게 된다. 그곳도 또한 마르세유에서 발생한 콜레라 때문에 프랑스 기선이 닿는 곳은 어디서나 피할 수 없는 검역소에 의해 차단되어 있다. 그즈음 40명 승객은 서로 친구가 되었다. 만일 그들이 모두 미국인이었거나, 아니면 인원이 300명 정도 되었거나, 혹은 그 만남의 장소가 이 그림같이 아름다운 배가 아니고 이상한 일들이 발생할 것도 같은 대서양 횡단 기선의 갑판이었다면 서로가 친구가 되는 일은 결코 없었을 것이다.

미국인이 바다에 갈 때는 책을 읽거나, 그런 속도로 배를 운행하는데 필요한 석탄의 톤 수數를 산정하고, 또 손에 시계를 들고는 피스톤간(幹 막대)의 승강 빈도를 재어서 속도를 측정한다. 그러다 싫증이 나면 그는 흡연실에서 카드놀이를 하거나 항로와 항해사의 운세를 두고 내기를 한다. 영국인도 별 수가 없으므로 이런 오락에 동참한다. 그러나 발로 고향을 밟거나 자국自國 배 중 한 갑판 위에 있을 때, 영국인은 동작을 요하지만 생각이 크게 필요 없는 그런 종류의 오락을 선호하는 것으로 드러난다. 만일 시골집이라면 많은 사람이 달리기를 하고, 소풍을 가면 '손수건 던지기'를 즐기며, 갑판 위에서는 크리켓 경기, 그리고 미국인이 다섯 살 때 좋아하는 다른 놀이를 한다. 그 한 가지 이유는 미국인과 달리 영국인은 언제나 운동을 하고 돌아다니기를 좋아하며, 독서는 한 번에 아주 짧은 시간 동안만 즐기기 때문이다. 딱 한 가지 예외가 '텍사스의 포터 씨Mr. Potter of Texas' 같은 책인데, 이 책은, 내가 확신하건대, 내가 만나 본 모든 영국인이 읽었고. 또 그들이 알고 있는 미국인의 삶과 특성을 가장 사실적으로 보여 주는 것으로서 무조건 수용하고 있다.

이렇게 상갑판 위에 네트(그물)가 설치되고 영국인이 크리켓을 친다. 그들뿐 아니라 그의 아내, 누이, 어머니, 그리고 선장의 보호 하에 인도로 가서 아마도 선창에서 장래의 남편을 만나게 될 미혼의 젊은 여성들도 친다. 이 스포츠가 가져다주는 완전한 평등에는 아주 매력적인 것이 있고, 또 영국인은 진지한 태도로 크리켓을 대한다. 미국에서는 흰 머리카락 여성이 안경을 끼고 공을 던지거나, '옥스퍼드 11'의 일원으로 크리켓을 하는 것이 당연한 것으로 간주되는 그런 일은 없다. 또 우리 (미국인) 젊은 여성들이 강속구를 받거나, 아니면 손바닥을 마주 보게 하여 넓게 벌리는 것이 아니라 손을 모으고 조금만 벌린 채 공을 받을 능력이 있는 것도 아니다. 대개 미국인은 어떤 곳에 가기 위해서 걷지만, 영국인은 걷기 위해서 걷는다. 영국인은 놀이를 할 때도 분명히 운동을 겸하기 때문에 한다. 사람들이 둥그렇게 앉아서 결혼의 원동력이 사랑이냐 이성이냐를 논하는 놀이는 '오렌지와 레몬', 혹은 '제이콥, 너 어디 있어?'와 같은 정도로 재미있는 것은 아니다. 후자는 아주 멋진 놀이로, 베이스[壘]로 미끄러져 들어가는 것을 일찍 배움으로써 당신이 확실하게 얻는 것이 있게 된다. 작년 파미르고원 닐트 요새에서 폭풍을 헤치고 휘하 대원들을 구해낼 때 한 단장이 불안해 하며 "오렌지냐? 아니면 레몬이냐? 그래, 나는 알지. 그렇지만, "이 친구야, 내

몰타 발레타 요새

가 '어느 것'이라고 말을 해야 하나? 자네가 알듯이, 내가 시합에는 좀 둔하잖아"라고 했던 사실은 참으로 시사하는 바가 있다. 사람들이 놀이를 하거나 아니면 다른 방법을 통해 어린 시절로 되돌아갈 수만 있다면, 아무도 그들을 나무랄 수 없다.

나흘째가 되면, 바다 위로 고조섬[13]이 우뚝 솟아 있다. 우측에 위치한 노란 늑골 모양의 바위로서 가옥과 사원들이 있는 이곳은 바다 위에서 며칠 지나지 않아도 일상적인 집의 모습이 뇌리에서 지워진다는

13) 몰타제도에 있는 섬.

사실을 증명한다. 일반적으로 사람들이 보기에, 마치 우리가 최근 수년 동안을 텐트, 혹은 북극지방 눈과 얼음으로 된 막사에서 보낸 것 같은 상황이 되는 것이다. 이어서 몰타를 향한 배는 곧 닻을 내리고는 거룻배(부속선)를 기다리는 대신 분명히 간선 수로가 있는 곳으로 조용히 미끄러져 들어간다. 이곳은 이 바다의 베니스와 같아서, 당신은 한 신사의 앞마당을 침범하는 것 같은 느낌을 갖게 된다. 집과 성가퀴(총안이 있는 난간) 및 성벽이 각기 양편으로 가깝게 자리하고 있는데, 너무 가까워서 총을 든 채 담배를 피우고 있는 '토미(병사)', 혹은 현관에서 바로 바다까지 이어지는 집 계단 위에서 어정거리는 원주민들의 손을 향해 과자를 던져줄 수 있을 정도이다. (선박의 가로돛) 활대 양쪽 끝은 집 지붕 꼭대기 위로 올라가고, 제1사장斜檣[14]은 세관의 유리창을 부서버릴 것 같은 형국이다. 우리는 항구로 들어온 것이 아니고, 도시 — 거리, 벽, 집, 폐허까지 모든 것이 노란 석회석으로 된 노란 석회석의 도시 — 의 간선도로를 따라 돌격해 온 것이 분명하다. 우리가 온갖 소동을 일으키는 가운데, 대양 횡단 기선이 아니라 돛배를 타고 25피트(약 7.6미터) 거리의 물 위를 지나 다가가는 듯하다. 이윽고 닻이 내려지자, 노랑, 초록, 푸른색에다 곤돌라와 같이 이물과 고물에 높은 장대를 단 수십 척의 작은 배들이 장좌檣座에서 출동하고, 그 선주들은 집의 행렬과 뱃전 사이에 놓인 수 피트의 바닷물 건너로 우리를 옮겨다 주는 자랑스러운 특권을 얻으려고 고함을 지른다.

'100주년 전시회'에 버터로 다듬은 한 여성의 두상이 있었는데, 시골

14) 이물에서 앞으로 튀어나온 돛대 모양의 둥근 나무.

몰타의 해변

방문객들의 많은 관심을 끌었다. 이것을 보러 온 그들은 캔버스에 그려지거나 대리석으로 조각된 여성들도 또한 실물 같은 것이었으나, 이런 것들은 다 스쳐 지나갔다. 아마도 시골 사람들은 버터로 형상을 조각하는 것이 얼마나 힘든 것인지를 알고 있었을 것이다. 몰타가 당신에게 이 버터 여인을 상기시키는 데는 약간의 이유가 있다. 이곳은 의심의 여지없이 실제의 집, 성당, 거리를 가진 실제 도시이지만, 당신은 그것이 진짜가 아닌 것처럼, 비록 매우 정교하게 만들어졌으나 결국 치즈나 버터로 조각된 도시 같은 느낌을 받게 된다. 어떤 치즈는 곰팡내가 나고 초록색으로 덮여 있으며, 어떤 벽들은 부풀린 빵이나 스위스 치즈

몰타의 십자가: 8개 꼭지점은 각각 충성, 경건, 솔직, 용기, 영광, 죽음의 불사, 빈자 약자에 대한 헌신, 교회의 존중을 상징한다.

처럼 구멍이 나 있다. 또 거리, 도로, 교회의 조각 장식된 정면, 오페라 상연관, 땅과 건너편 언덕들, 당신의 눈이 머물 수 있는 이 모든 것들이 현란한 노란색으로, 그것을 완화시키는 붉은색 지붕은 하나도 없다. 모든 것이 노란색 석회석으로, 네덜란드 치즈처럼 보인다. 그것은 당신이 보아 왔던 장소들과는 판이하게 다르다. 요새의 총과 탐조등 하에 있는 운하 같은 항구, 해자와 도개교跳開橋로 다가가면 천편일률로 만들어지고 일필휘지一筆揮之로 색칠된 이 현란한 단색의 장소는 크리스마스 때 가게 진열창에 보이는 노란색 목재로 된 작은 장난감 성채 같다.

몰타에 대해 시종 갖게 되는 생각은 두말할 나위 없이 이 섬이 '성요한 기사단' 혹은 '호스피털(의료봉사) 기사단'의 기지였다는 점이다. 중세에 존재한 기사단 중에서 가장 고귀했던 이 기사단은 이교도들에 대항하여 싸우는 전사 수도승의 집단으로 구성되었는데, 이들은 일정한 맹서를 하고, 흰 십자 깃발아래 당시 알려진 세계 도처에서 존경과 공포의 대상이 되었다. 그 사령부는, 이 기사단이 처음 창설되던 11세기 이후 찰스(카를로스) 5세[15]가 몰타와 그 속국들에 대한 영구적 주권을 이들 기사단에게 넘기던 1530년까지, 400년간을 줄곧 여기저기 옮겨 다녔다. 이들이 섬을 요새화하자마자 바로 터키인에 의해 아홉 달 동안 포위되었는데, 이것은 역사상 가장 격렬한 포위 공세 중의 하나이다. 포위가 끝났을 때, 터키인은 데리고 왔던 4만 명 중 1만 명을 다시 배에 태웠고, 또 포위공격이 시작되던 당시 기사단장 장 들라 발레트 휘하의 9천 명의 기사들 중에는 무기가 가능했던 6백 명만 살아남았다.

이 기사단은 보나파르트 장군 휘하의 프랑스인이 큰 어려움 없이 이 섬을 장악하게 되는 19세기 초까지 이곳을 장악하고 있었다. 프랑스인은 다시 몰타인과 영국인에 의해 포위되어 2년 후 항복했다. 1814년 섬은 영국으로 넘어갔다. 지금은 그 기념물과 기억들만이 기사단이 활약했던 시절을 대변하고, 그와 함께 영국 병사의 붉은 외투가 어디서나 눈에 띈다. 8개 꼭지점을 가진 몰타의 십자가는 아이반호를 연상하게 하는데, 사자와 유니콘[16]과 함께 나란히 자리하고 있다. 컬버린(구식) 소총은 맥심 속사 기관총으로, 템플 기사단의 검劍은 리 - 메트포드 Leo-Metford 라이플 총-로, 또 월트 스콧경의 소설 속 영웅들은 러드야드 키플링Mr. Rudyard kipling의 친구들로 바뀌었다.

프랑스 점령의 가장 뚜렷한 잔재는 고상한 것이 아니다. 그것은 몰타 여인이 쓰는 속죄의 머리덮개이다. 이것은 기이한 모양의 의장으로 고

15) 신성로마제국 황제.

16) 뿔에다 사자꼬리를 가진 말 같은 짐승.

몰타섬의 서구화된 가옥

깔 달린 수사修士의 겉옷 두건 혹은 셰이크 교도[17]의 챙 없는 모자 같은데, 그보다 훨씬 더 크며, 어깨 망토가 달려 있다. 여인들은 머리덮개의 늘어진 두 개 자락을 목에서 여미므로, 그들에게 정면으로 다가서지 않는다면 당신은 그 얼굴을 전혀 볼 수가 없다. 머리덮개와 망토는 검은색인데, 프랑스가 그곳을 점령하여 교회를 도둑질하고 기사들의 창고를 약탈하며 이교도인 터키가 했던 것에 뒤지지 않는 만행을 저질렀을 때 몰타 여성들의 박지약행薄志弱行에 대한 한 속죄의 표지標識로

17) 공동 생활·공산제(共産制)·독신주의의 미국 기독교의 일파.

몰타 성 요한 교회 외부

착용되었다.

몰타는 카푸친 수도사의 승복에서 희미한 중세의 흔적을 보유하고 있다. 그 삭발한 머리와 맨발, 끈을 묶은 허리는 트위드 자켓과 윤기 나는 부츠를 착용한 젊은 장교와 너무나 흡사해서 마치 가장무도회 참가자 같다. 그러나 과거의 흔적을 가장 잘 볼 수 있는 것은 거대한 성聖 존 교회이다. 이 교회는 전리품과 기사단 단장의 하사품으로 가득하며, 기사들 자신의 대리석 무덤 2000개가 바닥에 안치되어 있다. 기사단장은 저마다 이 교회를 부유하게 하는데 그 선임자들과 경쟁했고, 기사들도 제각기 승진할 때 교회에 선물을 바쳤다. 그래서 오늘날 이 교회는 상당히 부유하고 놀라울 정도로 아름답다. 이곳은 주요 관광지

몰타 성 요한 교회 내부

로서, 총독의 관저는 또 하나의 명소이다. 그리고 장엄한 과거로부터 어리석음의 현재로 내려오게 되면, 당시 장교의 위병소도 또한 그러한데, 이곳은 수 세대 영국인 준위(하급장교)들에 의해 장식되어 왔다. 해마다 장교 위원회는 그 벽의 사진들을 검토하고 가장 유쾌하지 못한 것을 지워 없애서, 최적의 상태로 남아 있는 잔재는 아주 흥미로운 흑백의 전시장이 되었다.

예루살렘 기사단 혹은 성 요한 기사단은 여전히 유럽에서 존재하고, 한 면에는 14개의 쿼터링(무기의 4등분 문장紋章), 그리고 다른 면에 12개의 쿼터링을 보여줄 수 있는 이들은 그 기사단에 속한다고 할 수 있다. 그러나 이들은 실제 기사가 아닌 작위 기사들이며, 밤 외투의 왼편에

시실리 남쪽의 아그리겐토(고대 신전터)

에나멜 칠을 한 몰타 십자가를 소지하고 있는 것은 사라센인을 난도질하기 위한 방패에 십자가를 달고 있는 것과는 다른 것이다.

브린디시를 향해 계속 가노라면 몇 시간 안 되어 시칠리아가 보인다. 마침 그날이 3월 4일이라, 수틀레지호 선장은 앞으로 4년을 기다릴 필요가 없도록 계산을 해달라는 부탁을 받았다. 그 계산은 수틀레지호가 지중해의 어느 지점에 닿을 때 (미국) 대통령이 워싱턴에서 취임을 하게 되느냐 하는 것이었다. 그래서 그 시간이 되면 승객들이 선실로 초대되고, 정부가 최선으로 그것을 운영할 수 있는 사람의 손에 이양되는 사실이 각기 다른 방식으로 그들에게 감동을 주게 된다. 그런 다음, 식사 후에 수틀레지호의 선장은 담화를 하면서, 당시 미국에서 일어나

시실리의 전원 풍경

고 있는 중요한 사건(선거와 관련하여 그가 강조한 것)에 관련된 문제들을 언급했다. 영국인들은 새 대통령의 건강을 기원하며 건배를 했고, 선상에 있던 두 미국인은 다행스레 둘 다 골수 민주당원으로서 그전처럼 고향에서 그다지 멀리 있다는 느낌을 갖지 않았다.

동방East에서 런던으로 가거나 런던에서 동방으로 갈 때 육로를 일부 곁들이려면, 당신은 이탈리아의 장화 발꿈치에 위치한 브린디시를 거쳐야만 한다. 또 많은 사람들이 대륙을 가로질러 지브롤터를 일주하는 데 48시간 여행을 택하므로, 사람들이 가끔 브린디시에 관해서 들을 때는 그것이 리버풀이나 마르세유같이 중요한 선적 항구인 것으로 상상한다. 그러나 그곳은 그렇지 않고 여름 휴양지가 한겨울에 그렇듯이 황량하며, 일년 내내 그러하다. 그곳에는 길고 넓은 돌 선창이 있고, 그 뒤로 높고 벽토로 치장된 집들, 롱 아일랜드 시티를 뒤편에서 접근하는 것이 더 좋을 것 같은 느낌을 주는 석탄 저장소, 그리고 우리가 차디찬 푸른색으로 배운 적이 있는 연푸른 이탈리아의 하늘이 있었으며, 우리는 거의 모두 외투를 걸치고 있었다. 뱃전에서 선창으로 내린 널빤지를 통해 우리는 하루 동안 부두와 단단히 연결된다. 그리고 만 24시간 동안 새삼 거리 걷는 법을 배우도록 대가 없이 허락받는다. 그러나 불어대는 바람과 아무런 볼거리도 소개하지 못하는 안내자의 기만에 시달려서, 우리는 자진하여 깨끗한 갑판과 갑판 의자로 되돌아왔다. 모자에 깃털을 단 암담한 표정의 이탈리아 군인들, 세관 관리들, 열을 지어 선창을 오르내리며 우리 기분을 전환시키는 헌병들, 그리고 한 개구쟁이 소년은 선창 끝머리에 서서 '타 라 라 붐 치 아이'하고 노래를 불렀고, '여보세요, 성냥갑을 사세요. 내려오세요'라고 이국어로 소리치면서 우리들 국적의 다양성을 의식하고 있음을 분명하게 노정했다. 이런 지식의 과시는 그 또래 친구들의 부러움을 불러일으켰고, 그들은 우리가 얼마나 감동받았는지를 보려고 우리를 쳐다보았다.

광고할 필요가 없고 지리적 경계선이 없는 것이 두 가지 있다. 하나는 예쁜 얼굴, 다른 하나는 멋진 노래다. 나는 쿠바의 산티아고와 로테르담같이 서로 다른 장소에서 이자벨 어빙과 릴리안 러셀의 판매용 사진을 보았고, 또 텍사스주의 산 안토니오에서는 더들레이 백작부인과 랭스터 공작부인이 '월시 자매들'이라는 이름으로 번안된 광고 전단을 보았다. 멋진 노래는 멀리멀리 퍼져서, 어쩌면 이름까지, 심지어 어휘들까지 바뀔 수 있지만, 같은 곡조를 간직하면서 온 세상 사람들에게 기쁨을 준다. 브린디시에서 달이 떠서 석탄더미를 감추고 하얀집과 시저(캐사르)의 기둥만을 비출 때, 한 무리의 젊은이들이 기타와 만돌린을 들고 뱃머리 아래 모여서 '오, 캐롤라인'이라는 노래를 불렀다. 내가 마지막으로 그 곡조를 들은 것은 '사자 조련사' 악보의 일부로서 프란시스 윌슨이 아주 다른 가사로 번안하여 불렀을 때이다. '사자 조련사'의 배경은 시칠리아인데, 그 노래는 다소간 어울리는 것이었다. 그러나 짙은 눈썹의 이탈리아인과 노래가 연상시키는 윌슨 씨의 온화한 용모 사이의 대조는 파격적이었다. 우리가 브린디시를 떠난 후 밤에 승무원들이 음악회를 열었는데, 그들 중 한 명이 '오, 약속해줘요'를 불렀고, 어떤 사람이 내게 이 노래가 이미 미국에까지 퍼져 있는지를 물었다. 나는 그에게 사실대로 말하지 않고, 그렇다고 대답했다.

브린디시를 떠난 후 시침은 수천 년을 거슬러 올라가서 율리시스가 많은 재물을 소유했던 세트도니아Cethdonia, 또 성 바울이 출범했던 곳으로 긴 산줄기가 눈으로 덮여 있는 크레타를 보고, 그런 다음 잔테(자킨토스) 섬 근처에서 현재로 돌아온다. 이곳은 한 달 전에 지진이 나서 주민들의 집을 삼켜버렸다.

수틀레지호는 지진의 위험성이 있는 섬들을 피하기 위해 나흘째 되는 날 항로를 바꾸어 항해했으므로 지체했다. 그날 밤 배가 최고속으로 달렸으므로, 수평의 미끄러운 바다는 배가 두 쪽으로 갈라서 뒤로 돌려놓는 데 따라 끝없는 파문을 일으키며 뱃머리에서 멀어져 갔다. 경찰의 제등같이, 다 타버린 성냥개비 끝같이 변했다가 다시 황소의 눈같이 밝아지는 수평선의 불빛은 저 너머에서 해안을 씻는 바다만큼 온통 넓고 단조로운 이집트의 평평한 모래사장이 있음을 말해 준다.

많은 사람에게 습관의 힘은 너무나 강해서, 일상의 취침시간보다 1시간 늦어 파라오와 클레오파트라의 땅에 닿는다면 사람들은 그 때문에 일상의 습관에서 이탈한 것을 아쉬워 한다. 몇 시간 졸 것인지, 또 몇 시간 춤을 출 것인지를 배려하면서도, 당신은 밤중에 포트사이드(사이드 항구)[18]를 구경하려면 일생에 한 시간의 잠을 놓치게 된다는 생각을 하게 될 것이다. 해안에는 긴 등불 행렬이 있어 마치 거대한 행렬의 각광[19] 혹은 지평선 위 초원의 불같다. 우리는 빨강, 초록빛의 부표를 지나 이곳을 향해 나아갔는데, 한 쪽엔 긴 방파제, 다른 쪽에는 달의 궤도를 따라 바다로부터 검게 솟아난 거친 바위의 자연 암초가 있었다. 그때 검은 배들이 해안에서 출동하여 괴성을 지르며 우리를 공격해 왔다. 터번에다 긴 옷을 입은 남자들과, 삼베같이 보이는 것, 아니 삼베 그 자체일 수도 있겠으나 사지의 유연함과 강건함을 감추지 못하는 그런 것을 입은 흑인들이 높은 뱃전을 넘어왔다. 이들은 석탄 공급자들로서, 검은 석탄과 그보다 더 검은 사람들로 가득한 검은 섬들을 위해 일을 한다. 이들은 뱃전에 딱 붙어서 쇠로 된 부분의 무개無蓋 난로 같은 아궁이를 통하여 배에 연료를 공급하기 시작했다. 부드러운 석탄으로 가득 한 네 개 화로는 짐배(거룻배)들이 있는 방향에서 강렬한 붉은 화염을 뿜으며 달아올랐다. 이 불빛으로 아래쪽에서부터 반라의 흑인들이 석탄 바구니를 어깨에 메고 괴성을 지르면서 경사진 판자의 꼭대기를 향해 달려갔다. 그리고는 잠시 그곳 아궁이에서 발산되는 강렬한 빛을 받으며 서 있어서 그들의 희번덕거리는 눈과 검은 얼굴

18) 수에즈(Suez) 운하의 지중해 쪽에 있는 항구.

19) 무대의 전면 아래쪽에서 배우를 비추는 광선. 풋라이트.

을 타고 내리는 땀이 다 드러난다. 다시 그들은, 불에 먹이를 주듯, 타오르는 아궁이에 석탄을 던져 넣고는 아래로 뛰어내려 암흑의 구덩이로 사라져갔다. 석탄 먼지는 자욱한 안개 속으로 피어오르고, 그 속에 사람들의 모습과 붉은 빛이, 용광로iron mill에 비치는 그림자같이, 희미하게 너울거리는 윤곽을 연출했고, 또 그 가운데 온갖 고함과 선창으로 굴러 들어가는 석탄 덩어리들의 뇌성이 들려왔다.

포트사이드가 바다에서 갖는 세계적 중요성은, 한때 다지시Dodge市[20]가 미국 서부 주들에 대해 가졌던 것과 같다. 전자가 모든 육지와 모든 바다에서 오는 선박들의 집합소인 것처럼, 후자는 초원을 횡단하는 거대한 행렬의 집합소였기 때문이다. 소몰이꾼(카우보이)이 낮에 달리고 밤이 되면 별 아래 잠을 자면서 거친 소들을 친구 삼아 계속 여섯 달을 달려서 다지시에 도착할 즈음이면, 그는 가장 고약한 상태의 왜곡된 인간이 된다. 소문에는 한 달 혹은 몇 주의 거친 여행을 한 여행자와 선원들에게 포트사이드가 주는 매력은 다지시가 한 때 일련의 여행객들에게 준 것과 같다고 한다. 『사라진 빛』[21]에서는 포트사이드가 세상에서 가장 사악한 곳, 죄의 소굴이며 악의 구덩이로 묘사되며, 포트사이드에서의 방종의 밤이 한 치의 가림 없이 적나라하게 고발되고 있음을 보게 된다. 집을 떠나 동방East으로 가는 거의 모든 젊은이는 친구들로부터 그런 야성의 밤을 경험해 보지 않고는 다시 문명세계로 돌아오지 말라고 자문을 받는다. 동방을 여행할 때 내가 만난 모든

20) 미국 Kansas주 서남부 Arkansas 강가에 있는 도시: 원래는 Santa Fe Trail의 종착역으로서 중요한 변경 도시.

21) 러디어드 키플링(Joseph Rudyard Kipling:1865~1936)의 소설.

선장이나 여행자 혹은 이집트의 점령군의 전직 간부는 포트사이드에 대해 언급할 때는 음험하게 미소 짓거나 아니면 기겁하며 눈을 치켜 올린다. 그들 모두는 두 가지 점에 동의한다. 그곳이 세상에서 가장 아름다운 여인들의 본고장이며 그 수가 많다는 점, 인간이 창조한 것으로 신을 외면한 가장 사악하고 거칠고 타락한 장소라는 점이다. 쉐필드에서는 당연히 호주머니 칼을 사고, 벨파스트에서는 생강맥주(진저에일)를 사며, 또 하바나로 간다면 여송연을 남겨두지 않을 것이다. (유럽) 대륙의 도시들과 동방에서 안내자들이 앞서 다녀간 사람들의 도덕성을 의심할 만한 그런 이상한 물건을 보고 사도록 부추길 때, 나는 항상 그것들을 미루어 왔다. 언젠가는 내가 포트사이드에 가 볼 것이라는 것을 알고 있었기 때문이다. 나는 차선과 모조의 사악함이 아니라 세상에서 가장 끔찍한 사악함을, 그것이 아주 유쾌한 것이라도 되는 것처럼 원했다. 내가 기대했던 것은 빛이 명멸하고, 도박장, 야외 음악 카페(cafes chantants 혹은 카바레), 칼을 빼들고 싸우는 선원들, 그리고 당신을 속이고 약탈하거나 혹은 무허가 술집으로 당신을 데려가서 마약을 맞거나 강탈을 당하게끔 하는 그런 곳이었다.

그래서 나는 해변으로 가서 안내자들을 다 모으고는, 그들에게 당분간 서로 경쟁하지 말고 지역의 자부심을 위해 서로 뭉쳐서 포트사이드에서 가능한 최악의 것을 보여 달라고 말했다. 그들은 잠시 의논하더니 미안하다고 하면서 그곳의 유일한 도박장이 12시에 문을 닫았고 또 유일한 음악 카페도 그렇다고 했다. 그때가 거의 12시 30분이었으므로, 당연히 모두 자러 갔다는 것이었다. 내가 속내를 분명히 드러내자, 한편으로 그들은 곤혹스러워하며 이집트는 위대한 나라였다고 말하고,

다른 한편으로 내가 카이로를 보았다면 나도 그렇게 말하게 될 것이라고 했다. 그래서 나는 조국에 대한 그들의 자부심을 해치려는 뜻이 아니었고, 대체로 오래된 만큼 사악하기도 한 것들은 물론이고 훨씬 더 가치 있는 것들을 보기 위해 카이로로 갈 것이라는 것, 그리고 내가 포트사이드에 부탁하고 싶은 것은 오직 그 이름에 부끄럽지 않은 삶을 실천해주었으면 한다는 것 등 덕담을 했다. 또 집을 하나 빌리고 포트사이드의 사람들을 깨워서 그 도시가 자부하는 가장 열악하고 저질스러우며 사악하고 죄스런 장면을 나에게 보여 달라고 그들에게 부탁했다. 그것을 위해 나는 그들에게 네 시간의 여유와 그들이 요구하는 만큼 돈을 주었다. 오랜 궁리 끝에 다섯 명의 안내자들이 직경 반 마일(약 0.8킬로미터)밖에 안 되므로 훤히 꿰고 있는 포트사이드에서의 방탕의 극치로서 어떤 것을 제안했는지를 내가 서술해야 할 것이나, 그렇게 하지 않을 것이다. 그것은 독자들이 아니라, 바로 포트사이드의 주민들이 얼굴을 붉힐 것이기 때문이다. 후자는 공연히 악명을 드높여왔으며, 보잘 것 없는 사람으로 평가받느니 차라리 '나쁜' 사람으로 간주되는 것이 낫다고 생각하는 서부의 무법자들과 같다. 나는 포트사이드에서 사진, 담배 한 상자, 진한 커피 한 잔을 샀다. 그런 정도로는 거친 방탕의 밤이 될 수 없다. 포트사이드는 키플링 씨가 마지막으로 그곳에 머물렀을 때 죄의 소굴이었을 수도 있겠으나, 내가 그곳을 방문했을 때는 석탄 저장소였다. 내가 만일 포트사이드라면 나 스스로도 석탄 저장소로 불리는 것을 싫어했을 것이다.

포트사이드에서 일탈의 밤을 보낸 다음 내가 깨어났을 때 수틀레지호는 천천히 수에즈 운하를 내려가고 있었고, 강물은 모래 강둑을 향해 파문을 일으켰고 물고기와 진흙의 야릇한 냄새를 실어 왔다. 양쪽으로 길고 평평하게 펼쳐진 노란 사구砂丘에는 이불의 장식 술처럼 짙푸른풀 다발들이 흩어져 있고, 그 위로 간간이 낙타가 구부러진 채 흔들거리며, 또 그 옆에서 필적하는 배를 깔보면서 걸어 다닌다. 당신은 수에즈 운하가 공학기술의 결실이라는 사실을 익히 들어왔으므로, 직접 본 적도 없이, 그 강둑이 벽돌 제방으로 되고 복잡한 수문을 통해 물이 수차가 다른 곳으로 이동하거나, 아니면 적어도 옆으로 잘 다져진 예인선 통로가 있을 것이라고 상상하게 된다. 그러나 군데군데 제방을 제외하면 매끄러운 모래 강둑 사이를 지나가게 되며, 그 강둑은 가정의 물방아용 둑같이 사람 손을 댄 흔적이 크게 없다. 그래서 당신은 페르디낭 드 르셉이 홍해에서 지중해까지 모래 위로 자신의 지팡이를 끌고 갔고, 2만 명의 흑인들이 그를 따라 운하를 팠다고 생각하게 될 것이다. 이 운하의 양쪽으로 당신은 주일학교 벽에 붙어있던 커다란 채색 인쇄물(판화)이 실제 삶으로 재생되고 있는 것을 보게 된다. 나무 쟁기를 끄는 소, 점토를 햇볕에 설구워 만든 우물, 두 개의 톱니바퀴로 된 배수로와 상수도, 관개에 쓰이는 점토 항아리, 낙타 행렬, 어깨에 도제陶製 항아리를 메고 베일(덮개)을 쓴 여인들이 있다. 그리고 이런 사물들 너머로 노란 사막이 펼쳐지는데, 그것은 우리들 것처럼 하얗고 무거운 것이 아니라 암갈색에다 먼지같이 미세하다. 그 위로 구름 없는 자수정 하늘과 키 큰 야자수가 있다. 그즈음 배는 이스마일리아에서 또 다시 멈추고, 당신이 카이로로 갈 수 있도록 내려주게 된다. 휴가에서 돌아온 용감한 선장들, 병원으로 일하러 가는 더 용감한 젊은 여인들, 그 아버지들이 아직 본 적 없는 아기들을 안은 젊은 아낙네들, 토착의 군주를 지배하고 협박하기 위해 돌아가는 지방행정관들이 인도로 향하고, 당신은 “마크 트웨인” 혹은 “레이디 던로” 혹은 “두 - 쌍 - 의 - 검은 - 눈 - 오 - 놀랄만큼 - 기품있는 - 나이든 - 남자”를 태우기를 원하는 당나귀 — 소년 — 들에 의해 곤욕을 치르게 된다. 급작스레 덜커덩거리는 기차는 이스마일리아를 떠나 텔 - 엘 - 케비르역을 지나가는데, 이곳은 영국군이 야간 행진으로 적을 기습한 다음 세 시간 만에 카이로로 돌아가는 열차를 탔던 곳이다. 거기서 다섯 시간을 더 타고 가면 당신은 카이로에 닿게 된다.

IV
카이로의 볼거리들

당신이 한 나라의 수도를 처음 방문하고 그 주요 도시의 기념비와 명소들을 적절히 감상하기 위해서는 일반적으로 그 특정 나라의 역사를 공부하는 것으로 족하다. 그러니 파리나 뉴욕을 이해하기 위해 노르웨이와 스웨덴의 역사에 대해서까지 권위자가 될 필요는 없는 것이다. 누구라도 세계의 거의 모든 대도시들을 완전히 감상하려 한다면, 붉은 표지의 여행 안내서[22] 한 권이면 더할 나위 없다는 것을 알게 된다. 그러나 당신이 카이로에 가면, 당신에게 즐거움을 주기 위해 늘어서 있는 모든 것들을 이해하기 위해서 당신은 구약 및 신약 성서, 전체 세계사, 세익스피어의 여러 연극들, 지난 10년간 《런던 타임스》에 게재된 기사들을 먼저 파악해야만 한다. 자기 나라의 연대기 뿐만 아니라 세계사에

22) Baedeker 판.

자취를 남겼던 거의 모든 사람이, 마치 콜로세움을 찾는 여행객들이 돌에다 자신들의 머릿글자(이니셜)을 새기듯이, 가장 오래된 나라 이집트에 자신의 표지를 남김으로써 영원하기를 희망했다. 당신이 카이로에서 보게 되는 것은, 오직 동시대 역사 기록이 없었기 때문에 당대의 역사에서 자신의 나라 바깥으로 알려지지 않았던 위대한 군주들과 위대한 민족들, 또 그보다 수천 년 이후 사람들의 기념물들이다.

카이로의 나일강 양 둑 사이에 있는 로다섬은 모세가 골풀들 사이에서 발견되었던 곳이다. 그곳의 한 교회는 성모 마리아와 요셉이 쉬기 위해 앉았던 돌들 위에 서 있다. 알렉산드리아 시내에는 알렉산더 대왕이 이집트의 사막 위에 자신의 이름을 새겼던 장소가 있다. 카이로 구舊시가의 허물어진 벽들은 캐사르(시저)의 유물이며, 이집트인들이 그 뒤 황제Autocrator라고 새겨놓은 기념물도 그와 같다. 악티움과 알렉산드리아에서는 안토니우스와 함께 두 여인을 생각하게 된다. 이 두 여인, 사라 베른하르트와 줄리아 닐슨은 너무나 상반되고 너무나 상이한 미를 가졌다. 오늘날 파리와 런던에서 그 두 여인들을 재현하고 있고, 세익스피어와 킹슬리가 그녀들에게 헌사를 바쳤다. 만수라시는 프랑스의 세인트루이스를 포로로 잡았던 곳이고, 현재 카이로 위로 나부끼는 초승달과 별은 이집트를 오스만 제국의 일부로 처음 편입한 오스만 술탄(황제) 살림 1세를 대변하고 있다. 거기서 나폴레옹의 풍차와 빵 굽는 오븐을 볼 수 있는데, 후자는 수 마일 사막을 가로질러 늘어져 있어서 그의 군대가 그곳까지 진군했음을 증명한다. 아부 키르Abu Kir는 넬슨과 나일강 전투를 증명하며, 그 이후 덜 중요한 이름들로 텔 알카비르 '영국의 유일한 장군', 월슬리Wolseley, 그리고 카르툼의 함락과 고든의 패배가 이어진다. 한마디로 이집트의 역사는 '과거 세계'의 역사이다.

모세, 람세스 2세, 다리우스, 알렉산더, 시저, 나폴레옹, 무함마드 알리, 넬슨 - 이들은 모두 대단한 인물들이다. 그런데 그들이 실패했던 것이 오늘날 점령군, 무력 자체에 의해서가 아니라 단순히 무력의 시위에 의해 명백히 실천되고 있다. 한명의 위대한 영웅이 아니라, 트위드(스카치 나사의 일종) 제복을 입은 많은 사람들이 작업 시간에는 토지에 관계하고 성가신 숫자의 종렬을 합산하며, 여가 시간에는 피라미드 바로 아래서 열심히 골프를 친다. 카이로의 가장 멋진 볼거리는 물론 오래된 것들에 있으며, 신세계로부터 수입된 것들이 아니다. 아주 재미있는 모습은 이런 수입된 것들이 연출하는 부조화이다. 나는 지금 관광객의 시각이지, 정치·경제학자의 입장에서 말하는 것이 아니다. 후자는 아마도 위생시설의 개선과 '혼합 재판소'에 관심을 가질 것이다.

나는 카이로가, 하늘을 찌를 듯한 아름다운 첨탑들, 궁전들과 모스크들 외부의 화려한 장식들을 가진, 다채로운 색깔을 한 오리엔트(동방) 도시인 것으로 묘사한다. 카이로는 두 구역으로 구분된다. 오래되어 쇠퇴해 가는 지역과 유럽적, 근대적인 지역이 그것이다. 두 지역 모두 회색, 둔한 노란색, 흰색이 지배한다. 이슬람교 사원(모스크)들은 회색이며 집들은 누추한 흰색인데, 새 구역에 있는 궁전들과 주택들은 하얀색 이탈리아 별장을 연상시킨다. 이 집들은 열대의 정원들로 둘러싸여 있으며, 이 정원이야말로 칙칙한 색깔의 단조로움에서 도시를 구출하는 유일한 존재이다. 그런데 카이로를 세상에서 가장 아름답고 부정합적이며 재미있는 도시 가운데 하나로 만드는 것은 구지역이나 신지

동銅 시장

역의 건물이 아니고, 그곳에 살고 그곳을 오가는 사람들이다. 도시 위로 솟은 성채Citatel에서 연신 거리를 누비는 사람들로부터 들려오는 소음은 런던의 소음에 맞먹는다. 런던에선 자동차, 증기, 공장의 소리이나, 카이로에선 사람들 자신이 대화하고 기도하고 고함치며, 집밖에서 살아가는 소리이다. 이들은 토착민, 유럽인 거주자, 점령 군인들, 그리고 겨울철 관광객들이다. 토착민이라 함은 이집트인, 아랍인, 콥트교도, 시리아인, 이집트에서 온 흑인들과 동양의 온갖 국적을 포함하는 또 다른 다양한 소수 인종들을 말한다.

이들과 함께 섞여 사는 사람들은 주로 그리스인, 프랑스인, 터키인, 그리고 점령군이다. 점령군은 멋진 제복 차림이 아닐 때는 편리한 승마복을 입으며, 또 그 부인과 누이들도 남자 셔츠와 밀짚모자 혹은 카키색(갈색) 승마복을 걸치고 있다. 한편 여행자들은, 미국인이라면 탐정용 카메라와 기성의 넥타이를 매고 있고, 영국인이라면 하얀색 헬멧에 목 위에서 나부끼는 스카프와 하얀 우산을 들고 있다. 이 후자의 열대 의상은 대부분의 시간 동안 외투(코트)를 걸쳐야 하기 때문에 모양새가 망가진다. 그러나 피라미드 아래에서 사진을 찍을 때면 언제나 코트를 벗으므로, 고향에 앉아서 이들을 부러워하는 그 친구들은 이들이 온화한 기후의 나라에 있는 것으로 착각하게 된다.

카이로에 오래 머물수록 만족도가 더 증가하게 되는데, 그것은 사람들의 오래된 전통 생활이 어떻게 간단없이 당신 주변에서 돌아가는가를 알게 되고, 또 여행 안내서에 쓰여 있지 않고, 안내자도 없는 그런 상점, 모스크, 작은 공방들, 노천의 카페를 스스로 찾을 수 있기 때문이다. 당신이 읽어서 알고 있던 카이로의 모든 볼거리들을 일 주일 안에 다 볼 수 있는데, 주말이 되면 당신이 보았던 것이 실제로 도시가 아니라 상점 진열장에 있는 상품이라는 느낌을 갖게 된다. 그러니 기성의 볼거리들을 피하는 것이 좋다. 하염없이 길에서 헤매거나 호텔 테라스(난간)에 죽치고 앉아 군상들(쇼)이 지나가는 것을 바라 보라. 그러면 가장 재미있는 것은 당신 앞에 전개되는 모든 것이 볼거리를 위해 포장된 것이 아니라, 그곳 사람들과 그곳 장소가 갖는 본 모습 그대로이며, 또 그들이 사진을 찍을 때면 꾸밈없이 자연스럽게 하며, 관광객을 제외하고는 아무도 차양 모자(피트헬멧)[23]을 쓰고 자세를 취하지 않는

23) 자귀풀(sola)의 심으로 만든 차양 모자(sola topee).

다는 사실을 마침내 깨닫게 된다.

카이로의 상점들은 넓은 공간에 퍼져 있으며, 팔기 위해 늘어놓은 상품들은 종류에 따라 몰려있다. 빨갛고 노란 가죽 신발들이 있는 좁은 골목길을 따라 양탄자, 커튼, 천을 파는 또 다른 골목길로 가고, 이곳을 통해 동銅의 골목 — 동 램프(등잔), 동 항아리들, 동으로 된 탁자 덮개가 있는 골목으로 접어들고, 또 이 길을 따라 책 제본업자들, 무구상武具商, 향수업자들 — 으로 갈 수 있다. 이런 골목길은 비포장이며, 많은 곳은 두 사람이 한꺼번에 지나갈 수 있을 정도의 넓이밖에 되지 않는다. 가장 넓은 곳에서도 무개無蓋 마차가 천천히 지나갈 수밖에 없으며, 마부가 발작적인 흥분상태에 있다면 상자들을 떨어뜨릴 위험성도 있다. 이 누추한 거리 위로 튀어나와 있는 집들과 상점들은 당신이 밟고 걸어가는 진흙 만큼이나 원시적이고 오래된 것이지만, 너무도 매력적이고 한없이 아름답다. 지상층에는 점포가 있는데, 한쪽에는 전시칸을 가진 작은 공간이 있고, 뒤쪽에는 당신의 눈앞에서 만들어지는 물건의 특성에 따라 화덕이나 용광로, 베틀이 놓여 있다. 대장장이들은 당신 바로 앞에서 가공되지 않은 쇠를 두드리고 바람을 불어넣는다. 빵 굽는 사람들은 밀가루를 반죽하고, 세탁업자들은 꾀죄죄한 린넨(아마포)천 위로 물을 뿜는다. 무기 제조업자들은 창끝을 망치로 두들기는데, 이것은 그후 수합되어 수단에서 온 '가는 투창assegai'으로 둔갑하여 팔린다. 이집트 총독을 위한 책 제본업자들은 자신의 각하를 위해 가죽 상자에 풀을 붙이고 압형押型 장식을 한다. 거리에서 날아온 먼지가 그들과 일감을 덮고, 그들 발치에서는 두 마리 개가 쓰레기를 두고 다투고 있고, 수천 명 사람의 고함소리가 그들의 귓전을 두들긴

칸칼리 시장의 골목길

다. 동방인들은 소리치지 않고서는 거리에서 의사를 전달할 수 없다. 모든 이들 — 당나귀 - 소년과 마부들, 백 가지 종류의 잡화 상인, 경찰들과 가게 주인, 경매인과 거지들 — 이 소리를 지른다. 가끔 지르는 것이 아니라 계속 지른다. 소리를 질러야만 하거나, 아니면 그들이 다른 사람을 짓밟지 않으면 다른 사람이 그들을 짓밟을 것이 확실하다. 낙타, 당나귀, 무개無蓋 마차, 말을 탄 경찰이 행인들의 급류 속을 지나간다. 그들은 환상 속의 인물로서, 아무러한 감정이 없고 발도 없는 듯하다. 각 점포의 2층은 그 주인들의 집이다. 2층의 창은 격자로 가려져 있고 툭 튀어 나와서, 처첩 여인들은 자신을 드러내지 않고 아래를 내려다 볼 수 있다. 이들 위에는 사각의 무거운 발코니가 있는데, 노출된 조각의 목재공예품으로 매우 오래된 아름다운 것이다. 미로의 상점들 가운데 여기저기 모스크들이 산재하고, 넓고 더러운 그 계단에는 안에서 기도하는 이들의 빨갛고 노란 신발들로 뒤덮여 있다. 높은 첨탑이 있고, 또 그 정면에는 코란의 문장이나 모스크 헌납의 대상인 술탄의 이름이 부조로 새겨져 있다.

상점들은 사람으로서 그보다 더 많이 만들 수 없을 만큼 많은데, 매우 인상적인 것은 너무도 아름다운 물건들이 기이할 만큼 누추한 작은 공간에서 나온다는 것, 또 '리젠트 거리'[24]나 브로드웨이[25]의 것 만큼이나 섬세한 청록색 터키석과 금줄 세공품을 다루는 동안, 세공인은 발목까지 오는 진흙에 서 있어야 한다는 것이다. 안내인 통역사가 관광객을 안내해 가는 상점에서 당신은 방석에 앉아 커피와 담배를 권유받지만, 무엇을 사려 한다면, 당신이 마신 커피 한 잔 당 1파운드 정도를 지불하게 된다. 물건을 사기에 가장 좋은 상점은 '올드[舊] 시가市街 카이로'에 있으며, 그곳엔 혼자 가야 한다. 그 어느 곳이거나 부르는 값의 1/3을 제안하는 것이 관례인데, 내가 겪은 바에 의하면 탕헤르에서는 그런 관례가 없었다. 또 당신이 몹시 원하는 것이 아니고 또 확실한 그 가격으로 구매하려고 한다면, 1/3 가격을 제안하는 것이 항상 안전한 것만은 아니다. 탕헤르에서보다 카이로의 상점들과 카페들, 그 모든 옥외 생활이 더 편안한 느낌을 주는데, 그것은 이집트인의 선한 기질 때문이다. (탕헤르의)무어인들은 당신의 존재 자체를 불쾌해 한다. 그리고 이집트인의 비할 바 없는 공손함은 그 자체로서 매우 매력적이지만, 가끔 그렇지 않을 때도 좋은 점이 있다. 예를 들어, 당신이 무어인 당나귀 – 소년에게 매를 들었다면, 분명히 당신이 겪을 수 있는 것 가운데 가장 난폭한 싸움에 말려들게 될 것이다. 반대로 이집트에선 오히려 친화를 원한다면 당나귀 – 소년을 매질해야 하며, 또 한 다스(12명)의 소년을 때려야 한다. 그런데 당신이 그를 때릴 때마다 매를 맞는 그는 미소 지으면서 오히려, "'날아가는 네델란드인Flying Dutchman'이 아주 좋은 당나귀이며, 나머지 당나귀는 다 불량하다"는 새 정보를 가

24) 런던 '서쪽 끝(West End)'의 상가 거리.

25) 미국 뉴욕의 번화가.

지고 접근해 온다.

곱게 자란 미국 소녀가 하녀를 꾸짖고는 마음을 상해하지만, 7, 8명의 당나귀 - 소년들을 우산이 부러질 때까지 때리고는, 숨가빠 하면서도 의기양양하게 당나귀를 타고 떠나는 것을 보는 것만큼 재미있는 일은 없다.

시끄럽고 번잡한 상가 골목들을 헤집고 다니는 데 지칠 때면, 당신은 호텔 테라스에서도 비슷한 즐거움을 발견할 수 있다. 카이로에는 많은 호텔들이 있다. 당신의 이름이 백작부인, 왕자, 그리고 이름 자 'Smith'를 'Y' 한 글자로 쓰고 두 번째와 세 번째 이름 사이에 하이픈(-)을 넣는 미국인의 이름에 의해 둘러싸이기를 원한다면, 반드시 가야하는 호텔이 있다. 내가 보기에, 카이로에는 수많은 호텔들이 있으나, 그 중 쉐퍼드 호텔이 역사가 깊고 그곳 테라스는 너무나 많은 소설들의 무대가 되었으므로, 술탄에서부터 몬테카를로의 은행을 털었던 최하층 인물에 이르기까지 온갖 종류의 재미있는 사람들이 그곳으로 간다. 그곳의 테라스는 가면무도회의 칸막이 좌석 같다.

사실 카이로를 가장 잘 아는 방법은 흔들리는 야자수 아래에 버드나무 가지로 만든 등의자에 앉아서 담배도 피고 따스한 햇볕을 등으로 받으며 당신 앞에 스쳐가는 세상사를 관망하는 것이다. 내가 확신하는 것은, 브로드웨이는 그곳을 잘 알지 못하는 사람들에게는 매우 흥미로운 도로라는 것이다. 도로를 따라 호텔의 창문 맞은편에 박아놓은 수많은 부츠 구두창의 풍경은 브로드웨를 방문하는 이방인에게 무한한 즐거움의 원천이라고 나는 생각하게 된다. 그러나 브로드웨이엔 낙타가 없고 사이스(sais: 수레 앞에서 달려가며 사람들에게 비키도록 하

사이스

는 하인)도 없다.

낙타는 그 자체로 어떤 동물들보다 더 흥미롭다. 그러나 낙타가 2륜(혹은 4륜) 마차의 길을 가로막고 영국인 하인이 그것을 우회해 가려고 할 때, 브로드웨이에서는 전혀 있을 수 없는 부적절한 상황이 발생한다. 내가 그곳으로 가기 전에 카이로에 살았던 로렌스 허턴Laurence Hutton 씨는 낙타가 이집트의 진짜 귀족이라고 말한 적이 있다. 낙타는 아주 원시 동물 종족 중 하나에 속한다. 메나Mena[26]가 통치했을 때 그곳에 있었고, 지금도 그곳에 있다. 자신을 장악한 이가 파라오, 맘룩, 나폴레옹, 혹은 혼합 재판소 그 누구인가 하는 것은 낙타에게 문제가 되지 않는다. 그의 신들은 변하지 않았고, 그와 야자수는 수 세기를 거치면서 그 옛날의 개성을 간직해 왔다. 낙타 자신이 이런 사실을 알고 있다는 것을 보여주는 것은 머리를 곧추 들고 거만한 태도로 목을 저

26) 이집트 신왕국 시대의 귀족.

으며 늘어뜨리고, 또 무례하게 교통을 방해하며 이기적인 자신의 편의를 우선하는 근성이다. 이런 작태는 온 세상을 통틀어 그 혈통의 유구함을 증명하는 것이다. 그는 우리가 본국의 서커스 텐트(천막)에서 보는 것 같은 털이 더부룩한 구시대적 존재가 아니다. 프랑스 푸들(털이 짧은 복슬개)처럼 말끔하게 털을 깎고, 또 안장 같은 것으로 멋지게 장식을 하고는, 공작처럼 기품 있게 몸을 굽히고 뽐을 내며 걷는다. 또한 그는 특권의 왕족같이 행동을 예측할 수가 없다. 이곳 농사꾼들과 아랍인들은 마치 낙타의 주인인 양 줄을 매어 끌고 다니지만, 절대로 그 정신을 방해하거나 꺾지 못한다. 낙타는 사막에 있거나 아즈바키야 거리(Azbekiyeh Road: 이집트의 카이로에 있음)에 있거나 상관없이 눕고 싶을 때 드러눕는다. 그가 일어나려고 마음먹을 때면, 당신은 그가 어느 부분을 맨 먼저 일으킬지에 대해 생각하느라 잠시 동안 곤혹스러워진다. 낙타를 잘 이해하기 위해서는 거기에 올라타고 어떻게 앉고 서는가를 경험해보아야 한다. 그는 앉을 때나 설 때나 같은 방식을 두 번 반복하지 않는다. 때로는 한 다리를 그 전에 한 번도 굽혀본 적이 없는 곳을 두세 군데 꺾는다. 그리고는 동북쪽으로 앉거나 일어서는가 하면 갑자기 방향을 바꾸며 뒷다리부터 일어선다. 그때 당신이 그의 목을 꽉 잡고 있노라면, 그는 갑자기 한쪽 면이 내려가면서 앞쪽으로는 말이 울타리를 뛰어넘는 것같이 껑충 뛰면서 일어난다. 낙타는 탐험가들이 나일강의 수원水源을 찾아낸 것보다 더 많이 각기 다른 부분들의 관절을 굽힐 수 있다. 처음으로 낙타의 등에 올라탄 친구의 표정을 보는 것보다 더 강한 즐거움은 없을 것이다. 낙타와 야자수는 인상적인 풍경을 만들어 내며, 낙타와 사이스는 카이로의 가장 매력적인 장면들이라 말할 수 있다.

사이스는 마차 앞에서 사람들에게 길을 비키라고 외치면서 달리는 사람이다. 그는 서둘러 피하지 않는 사람이 있으면 막대기로 때린다. 그는 모든 거리의 교통이 너무도 복잡해서 그런 사람이 불가피했던 시절의 유물이다. 그는 마차가 빠르게 나아가도록 하며, 그의 도움 없이는 그런 것이 불가능하다. 명백한 사실은 이렇게 하기 위해선 그가 날렵하게 달려야만 한다는 것이다. 대부분의 사람들은 달릴 때 몸을 앞으로 숙이고 바람을 피하기 위해 입을 꽉 다문다. 그런데 사이스는 어깨를 뒤로 재치고 성난 코끼리처럼 소리를 지르면서 달린다. 그는 가늘고 긴 막대기를 총처럼 옆에 들고 있으며, 지팡이처럼 손에 들고 끌지 않는다. 그리고 부드러운 흰색 셔츠와 금색 레이스가 달린 소매 없는 코트를 입고 있다. 그는 흰색 반바지를 입고 있는데, 그것은 마치 여자의 치마 만큼이나 넓고 무릎 위 몇 인치 정도로 올라가 있다. 그 아래에 드러난 갈색 맨다리는 근육으로 단련되어 있다. 머리에는 길고 검은 술이 달린 터키식 모자(페즈)를 쓰고 있고, 허리에는 다채로운 색깔의 근사한 실크 스카프가 단단히 매어져 있다. 그는 색깔과 동작의 완벽한 이상형으로서, 달릴 때면 황소처럼 으르렁거리는데, 이는 마치 동물원에서 사자가 식사 시간에 으르렁거리는 소리를 듣는 듯하다. 그것은 도무지 사람 소리 같지 않으며, 한밤중에 들려오는 "사람 살려!"라는 외침이거나 소방차의 급한 경적같이, 카이로에 머무르는 마지막 날까지도, 들으면 흠칫 놀라게 된다. 카이로에서 그 만큼 재미있는 것은 달리 없다. 때로는 두 명의 사이스들이 똑같은 옷을 입고 나란히 달릴 때가 있는데, 상체는 옆에 끼고 있는 막대기같이 단단하고, 스카프와 긴 술의 끝이 뒤로 나부낀다. 그들이 고함을 지르면 당나귀, 마차, 사람들이 길섶으로 비켜서는 사이, 마차는 재빨리 굴러서 전진한다. 왕궁의 공주들과 총영사, 점령군 및 이집트 군대의 사령관들만이 두 명의 사이스를 거느릴 수 있고, 그밖의 사람들은 한 명이다. 내게는 사이스들이 친위부대보다 훨씬 더 권위적인 수행원들 같아 보인다. 그들을 파리에 맨 처음 소개하는 이방인은 하루아침에 유명해질 것이고, 런던 시장 취임 피로연 행렬이나 사두마차의 좌석은 그에 비하면 소박한 중류 계층의 것이 되어 버린다.

이들 낙타와 사이스는 쉐퍼드호텔의 대리석 테라스에 놓인 버드나무 가지로 만든 의자에서 당신이 구경할 수 있는 여러 가지 중에서 두 가지에 불과하다. 다른 볼거리로는 수백 명의 당나귀 - 소년들이다. 목 부분을 길게 타서 맨 가슴이 다 보이는 푸른색 잠옷을 입고, 또 긴 귀를 가진 많은 수의 당나귀들과 함께 있는 이들은 기묘하게 재단한 코트, 목에 두른 댕그랑거리는 구리 끈들과 푸른색 구슬들로 인해 그냥 본래 모습보다 더 바보스럽게 보이곤 한다.

카이로의 여자들은 또 다른 볼거리이다. 이집트의 절반에 달하는 이들은 예속되어 있고, 여러 세대 동안의 훈련과 전통을 통해, 남편 이외의 남자들은 누구나 자신의 적이며 기피해야 할 존재로 간주한다. 이것은 그들의 본능 같은 것인데, 마치 북부의 여성들이 본능적으로 남자들을 자신보다 더 강한 존재로 받아들이고 의지하는 것과 같다. 그러나 수녀단 같아 보이는 이 카이로의 여인들은, 수녀같이 말 그대로 한 남자를 제외하고는 인류로부터 차단되어 있으나, 수녀들이 얻는 한

1890년대의 쉐퍼드호텔

심오한 위안은 얻지 못하고 있다. 이들에게는 구원받을 영혼도 종교도 없고 미래의 삶에 대한 믿음도 없기 때문이다.

내가 카이로에 머물 때 한 어린 소녀가 결혼을 했다. 그녀 아버지의 저택 부근의 거리에는 일주일 동안 깃발들이 걸려 있었다. 집 주변의 공원은 2만 달러 값어치의 텐트로 둘러싸였고, 그것은 모스크의 내부만큼 아름답게 보였다. 일주일 동안 흥겨운 양 혼가의 집에 진을 친 남자들은 공짜로 얻어먹었다. 그동안 남자들은 노래 부르고, 악단은 연주를 하고, 온 이웃이 잔치를 벌였다. 마지막 밤이 되면 모두 결혼식에 참석하여, 커피를 마시고, 담배를 피며, 한 젊은이가 부르는 아랍의 연가를 듣는다. 물론 나는 신부를 보지 않았다. 그녀를 본 여인들 말에 그녀는 너무 아름다웠으며, 갓 열여섯 살 나이에 진주와 다이아몬드로 온몸을 치장하고 있었단다. 그녀는 서럽게 울고 있었다는데, 아마도 그녀 어머니가 혼인을 주선했던 것 같다. 나는 신부는 보지 못했으나, 신랑은 보았다. 그는 뚱뚱하고 둔했으며, 예순이 넘은 나이에다 흰 머리카락에 흰 수염을 하고 있었다. 이맘(무슬림 종교지도자)이 문간에 선 신랑 앞에서 코란을 낭송했고, 악단은 연주했으며, 사람들은 총독 만세를 삼창했다. 그런 다음 사람들이 떠나고 신랑은 문을 지나 계단을 올라갔으며, 그 끝에는 소녀가 기다리고 있었다 했다. 싱글벙글 미소를 머금은 두 명의 내시가 머리 위로 램프를 높이 치켜든 채 어둑한 계단 위에서 몸을 웅크리고 있다가, 그가 들어간 뒤에 문을 닫아주었다. 16살의 신부는 그때부터 그를, 그와 그 내시들을, 죽을 때까지 곁에 두어야 한다. 문명의 땅에서도 이런 식의 결혼식이 있을 수 있다고 말할 수도 있겠으나, 그렇게 빈정거리기에는 상황이 너무 처절하다.

이집트 여인들은 남부의 흑인들 만큼이나 예속적이다. 그녀들은 귀여움을 받고 살찌우고 집이 주어지지만, 막을 통해서만 세상을 접하게 된다. 오페라 관람석을 차단한 막, 외출할 때면 마차의 창에 설치된 막, 그리고 바로 얼굴을 가리는 막이 그것이다. 이집트인의 절반이 예속되어 억류되고 정신이 없는 동물처럼 취급되는 한, 점령군이 그 땅을 누빌 것이고 그런 존재 자체가 이집트 총독의 권위를 훼손하게 될 것이다. 요즈음은, 여성들이 목소리를 내지 못하고 영향력이 없으며 존경을 받지 못하는 한, 어떤 나라도 진실로 번영할 수가 없다. 이집트에는 나쁜 관개시설보다 더 열악한 것들이 있으며 그중에서도 최악의 것이 '하렘(처첩, 혹은 그 처소)'이다. 이집트인들이 스스로 해방되기를 바란다면, 먼저 자신의 딸과 어머니를 해방시켜야 한다. 교육받은 이집트인은 자신의 민속 의상을 부끄러워하지만, 그보다는 일부 민족 전통의 관습들을 부끄러워해야 할 것이다. 프록코트(서양의 남자 예복)와 '하렘'은 함께 할 수 없는 것이다.

이집트의 발전을 위해 너무나 많이 기여하고 또 그런 사실을 강조하면서 그곳에 군대를 거느리고 있던 한 영국인이, 예속민은 누구라도 총영사관으로 와서 그의 보호를 구하면 보호받을 수 있도록 주선했다. 그러나 혼인한 남자들에게 종속된 이들은 이런 도피의 기회조차도 그림의 떡이었다.

이렇게 그들은 새장의 새처럼 살아간다. 그들은 죽을 때까지 먹고 옷 입고 옷을 벗으며, 그 젊음과 아름다움을 드러내고, 또 그 나이와 추함을 감춘다. 수년 전 나일강변을 따라 유행한 구호는 '이집트를 이집트인들에게'이었는데, 이것을, 처음 시작한 것은 불한당이었으나, 아주 지당한 외침이었다. 그런데 수백 년 전 이집트 땅에서는 "내 백성(민족)을 해방하라"라는 또 다른 구호가 이미 있었으며, 오늘날 그것을 다시 외치고 동방의 자매들을 해방시킬 수 있는 여성들은 현재 혹은 지금까지 여성들이 이루었던 어떤 것보다도 더 위대한 일을 이룩하게 될 것이다.

호텔 테라스 아래로 당신 앞을 지나가는 여자들은 두 종류로 귀결된다. 이집트에는 중류층이 없기 때문이다. 가난한 사람들은 머리끝에서 발끝까지 검은 천으로 온몸을 둘러싸서 가린다. 검은 실크 양말의 위쪽 끝 같은 모양의 것이 콧등에서 얼굴 위로 내려와 있고, 양 귀 뒤쪽에서 고정되고, 실패만한 크기의 구리 튜브가 양 눈 사이에 붙어 있다. 그래서 당신은 그 눈밖에 볼 수 없으며, 그 눈이 자신들의 최선의 상징인 양 모든 여인들이 억지 화장을 할 필요가 없다. 당신이 그 맨 얼굴을 보고서 다른 신체 부분의 아름다움을 짐작할 수 있는 유일한 여인들은 일종의 공동체를 이루고 살아가는 콥트 마을의 착한 여인들과 착하지 않은 무희들이다. 이들 중 일부는 곧은 코, 좁은 눈, 그리고 우리가 상상하는 완벽한 모습의 클레오파트라 같다. 그러나 다수 여성들의 얼굴은 특징이 없고 편편하며 납작한 코, 두툼한 입술을 하고, 체형은 허리 혹은 엉덩이의 굴곡이 없고 발목은 남자의 상완(上腕: 팔꿈치)처럼 똥똥하다. 아름다운 여인은 매우 아름다우나, 그런 이들은 참 드물고 또 금 장식으로 완전히 가리고 있어서 그런 예외에 속하는지를 알기가 어렵다. 당신이 상류층 여인들을 볼 수 있는 것은 사이스가 앞서고 좌석에 한 내시가 동승을 하며 커튼은 반쯤 내려진 채 그들이 마차를 타고 휙 지나갈 때 뿐이다.

그외에도 당신에게 특별한 즐거움을 주는 것들은 많다. 겹겹이 잡힌 옷 주름에서 청록색 터키석을 꺼내어 파는 상인들, 박재된 악어와 살아있는 원숭이를 파는 행상, 자칼을 가지고 사막으로부터 온 이방인도 있는데, 그들이 자칼을 집어던지면 당신 발치 대리석 위에서 자칼은 네 다리가 다 묶인 채 으르렁거리고 물어뜯으려는 형색을 한다, 소녀들은 노래를 부르고 또 손가락 끝을 쳐 소리를 내면서 반주를 한다. 마술사 여인들은 바늘에서 실을 뽑아내고, 입 안에서 아마포 실을 태우기도 하고, 또 흉하고 작은 꿈틀거리는 뱀을 삼키거나 테라스의 석판들로부터 어여쁘고 보송보송한 작은 병아리를 부화시킨다. 또 다른 볼거리로, 행진해 가는 청색과 백색의 이집트 군인들, 폴로 조랑말을 타고 가는 멋진 젊은 장교들이 있고, 또 당나귀를 탄 붉은 외투의 토미(영국인 남자)들은 발가락을 먼지 속으로 끌고 스카치 모자의 리본들을 뒤로 흩날린다. 금빛 레이스를 달고 근사한 곡선의 은제 검(劍)을 찬 눈부신 경호원들을 대동한 총영사, 또 따각거리는 말굽 소리에다 고함치는 사이스를 앞세우고 뒤로는 질주하는 기마병을 대동한 젊은 이집트 총독 자신을 직접 보기도 한다. 총독이 지나가는 소리에 사람들은 길가로 비켜서서 페즈 모자에 손을 갖다 대면, 총독은 손을 들어 답례하면서 먼지 속으로 사라져 간다…….

그곳에는 아주 멋진 볼거리들이 있으며, 한편에는 그것을 설명해 주는 길동무, 다른 한편에는 당신이 태어날 때부터 그것을 알고 있었던 것처럼 그에 관한 정보를 전해 줄 수 있는 길동무를 데리고 있다면, 그보다 더 유쾌한 오후는 없을 것이다. 딱 한 가지 문제가 있는데, 그것은 관광지들을 보기 위해 돌아다녀야만 한다는 강박 관념이다. 그래서 금요일야말로 카이로에서 가장 편한 날이다. 볼만한 것들이 죄다 문을 닫고, 당신은 맑은 정신으로 테라스에 가만히 앉아 있을 수 있기 때문이다. 모든 멋쟁이 관광객들이 찾으며, 또 안내서에서 다양한 크기나 또 다른 특징에 대한 상세한 설명들이 주어지는 것은 모스크(이슬람교사원), 분묘, 궁전, 그리고 박물관들 가운데는 (카이로) 성채와 무함마드 알리 모스크이다. 성채는 도시 위로 솟아 있는 언덕 위에 건설된 요새로서, 당시의 동방(오리엔트)적인 불완전성으로 인해, 가장 높은 지대는 아니지만 비교적 높은 곳에 세워졌다. 그 당연한 결과로, 무함마드 알리가 카이로를 점령하려 했을 때 가장 높은 지대로 올라가 항복할 때까지 요새에 포탄을 퍼부었다. 그후 그는 모든 맘룩(이슬람교 나라의 노예 혹은 노예기병)들을 성채의 만찬에 초대하고는 속임수를 써서 그들을 죽였는데, 딱 한 사람이 성채의 가장자리를 따라 말을 타고 내려와서 달아났다. 만일 메디슨 스퀘어 가든Madison Square Garden 정상에 있는

카이로 성채와 무함마드 알리 모스크

42번가街의 저수지에서 한 사람이 그 가장자리를 말을 타고 달려 내려간다고 생각한다면, 그 탈출이 얼마나 어렵고 위험한 일이었는지를 이해할 수 있을 것이다. 그가 그렇게 달아난 것은 의심의 여지가 없다. 내가 학교 다닐 때 역사책에서 그가 달아나는 것을 그림으로 보았고, 또 내가 돌로 된 성채 난간에 그 말발굽 자국을 본 적이 있었는데, 그(말)들은 저세상에 가버렸는데도 말발굽은 3년 전의 것처럼 생생했기 때문이다.

무함마드 알리 모스크는 성채보다 더 높으며, 그 쌍둥이 첨탑은 카이로의 상징이다. 그것은 도시 위로 우뚝 솟아 있어, 런던의 세인트 폴 수도원의 돔처럼, 수 마일 멀리서도 잘 보이고, 또 인상적이고 육중하면서도 경쾌하고 우아하다. 경비원들은 당신을 모스크로 들여놓기 전에 발에다가 크고 노란 덧신을 신겨 준다. 모스크의 바깥뜰은 설화석고(알라바스터)로 바닥이 깔려 있어서, 당신은 거울 위나 얼음장 위에 있는 것처럼 쉽게 미끄러진다. 그것은 너무도 아름다워, 그 위를 걷는 것이 진흙투성이 장화로 공단 자락을 짓밟는 것 같아서 꺼림칙하다. 모스크의 바닥은 아주 거대한 양탄자로 덮여 있어서, 종이같이 넓고, 금같이 육중하다. 설화석고(알라바스터) 기둥들은 사각 공간의 끝부분에 있는 빈 건물로 이어지고, 거기서 푸르고 붉은 단층에 금박한 글자로 빛나는 5개 돔이 솟아 있다. 이 돔들은 매우 호화로워 보이고 음울하고 고요하며 인상적이다. 이것은 모스크 중 최고의 것이다. 바깥 부분 성벽 위에서는, 그 아래로 평평한 회색의 납작한 지붕의 군집들, 둥근 돔, 날렵한 첨탑들이 수 마일 뻗어 있고, 여기저기서 왕궁의 높은 벽들과 짙은 녹음의 공원들이 단조로움을 깨는 카이로시市를 볼 수 있다. 그 너머로 구불구불한 은빛 리본 같은 나일강이 누워 있다. 다시 그 너머로 풍요로운 녹색의 들판과 운하, 야자수 군집이 보인다. 거기서 7마일 떨어진 곳, 초원이 끝나고 사막이 시작되는 그곳에 회색 돌로 된 3개의 기념물이 있는데, 멀리서 보면 초라할 정도로 왜소하고 진부하다. 내 생각에, 여러 번 그것을 보고 그 꼭대기로 올라가고 또 아래쪽에서 그들을 올려다보고 나서야 당신은 기대했던 것만큼 피라미드를 이해할 수가 있다. 그러나 일단 그들이 당신을 유혹하고 난 다음에는, 당신은 그들을 한 번 더 보려고 목을 돌리게 되거나, 아니면 태양이 세상의 끝에서 위

황혼녘의 피라미드

로 처음 떠올라 그들(피라미드)을 발견한 이후 지금까지 그래왔던 것처럼, 작별을 하기 전에 한 번 더 보려고 다가가게 될 것이다.

도시 외곽에 모스크가 하나 있는데, 정해진 날 사람들은 수도사들이 울부짖으며 특유의 형식으로 예배 보는 것을 보기 위해 이곳으로 모인다. 이 모스크는 네 개의 정방형 벽과 한 개의 돔으로 구성되어 있다. 그 내부는 회반죽이 칠해져 있는데 아무런 장식도 없이 거칠고 낡은 상태이다. 햇빛이 돔에 나 있는 정방형의 구멍들을 통해 들어오고, 이 동쪽을 향해 반원형으로 서 있는 30~40명의 사람들을 비춘다. 그 가운데는 온갖 종류의 사람들이 다 있는데, 긴 머리카락과 야성의 눈을 가진 사막의 아랍인에서부터 뚱뚱하고 행복해 보이는 저잣거리의 상인들, 거지들, 거리의 물장수까지 있다. 그 주변의 의자에 있는 관광객과 주민들은 종교 의식을 보기 위해 종교집단을 방문한 손님이라기보다는 경기를 보러온 사람들 같다. 대부분의 남자들은 모자를 쓰고, 일부 여인들은 세심하게 메모를 하거나 스케치(사생)를 한다. 그들을 보노라면 나는 사람을 해부할 때 실험대에 둘러선 의과대학생들을 연상하게 된다. 한 서구의 도시에서 온 부副사제는 모자를 쓰고 있었는데, 그것은 아마도 그가 그 모든 것을 수용하지 않음을 뜻하는 것이리라. 그러나 그가 '풀다'호에 승선한 동안 나이프를 들고 식사를 하는 것처럼, 그의 행동이 어디서나 관심의 대상이 되는 것은 아니다. 이맘이 코란 구절을 낭송하자 사람들이 그것을 반복하면서, 몸을 앞뒤로 움직이고 점점 속도를 더해 갔다. 그들이 말하고자 하는 것은 아주 난해한 것이며, 그들이 이루는 합창은 사람 소리가 아니라 동물의 헐떡거림 같았다. 방문객들에게는 그것이 전혀 종교적인 의미를 갖지 않는다. 인상적인 것은 그들이 너무나 진지해서 가끔 경련을 일으키는 것이다. 이맘의 목소리가 더 강해지면, 사람들의 몸은 더욱 진폭이 넓게, 더 낮게 흔들려서, 그 머리카락이 바닥을 쓸고, 그 몸을 뒤로 젖힐 때면 그들의 눈은 구경꾼들의 눈과 같은 높이에 이른다. 북(따블라)소리는 이맘의 목소리와 수도승들의 가쁜 숨소리에 맞추어 더욱 빨라지고, 기묘한 반주의 라바바(전통 현악기)는 그들의 격렬한 신음과 숨소리를 조롱하는 듯하다. 그것은 내가 보아 왔던 가장 불쾌한 것 중의 하나였으며, 너무나 비위를 상하게 했으므로 많은 여성들이 자리를 떴다. 그들의 눈은 안와眼窩에서 희번덕거리고, 입술은 벌어지고, 악문 이빨 사이로 더 격렬하고 더 큰 숨소리가 새어 나왔으며, 급기야 그 소리들의 어우러짐이

역에서 빠져나오는 기관차의 가쁜 배기음처럼 당신에게 다가온다. 땀이 스폰지에서 스며 나오는 물같이 흐르고 안면에 정맥이 돋아 피부 아래 충혈된 뼈마디結節가 드러난다. 신음하는 사람, '알라! 알라!'라고 비명과 고함을 지르는 사람. 이런 것들이 옆 사람을 채찍질하는 것 같이, 그들은 자꾸만 더 격하게 몸을 흔들고 거의 넘어질 정도의 큰 각도로 진동했다. 그런 다음 음악이 점점 약해지면서 몸의 굽힘도 점차 완화되어 마침내 멈춘다. 그러면 남자들은 곧추 서는데, 어떤 이는 외견으로 미동 없이 태연하며, 어떤 이는 몸을 꼬며 비틀거린다.

이런 의식이 진행되고, 또 당신이 신의 자비를 구하기 위해 자학을 하는 이단의 제식에 동조하는 것 같은 느낌을 가지는 동안, 두 가지 흥미로운 일이 벌어졌다. 하나는 영국 점령군 장교가 자신의 안내통역

수피댄스

인을 돌아보면서 극도의 고성으로 화풀이 하는 것이었다. "이것이 10 피아스트(화폐 단위) 가치가 있다고 할 거야? 글쎄, 내게는 그렇게 안 보여. 자, 나에게 보여줄 다른 것이 있다면 보여줘. 이건 아니야, 이 사기꾼아."

다른 하나는 한 원주민 여인의 거취다. 그녀는 자신의 아이를 문간으로 데려가서 이맘(종교 지도자)에게 건네주었다. 그러자 이맘이 아이를 팔에 안고는 그대로 몸을 진동하고 가쁜 숨을 쉬며 광란하며 반원형으로 늘어선 사람들 앞을 지나갔다. 세 살 정도된 그 아이는 죽어가고 있었는데, 그 어머니는 수도승(다르위시)의 숨결로 아이가 치료되기를 바라며 거기 데려온 것이었다. 아이가 그들 앞을 지나갈 때 어떤 이들의 머리카락이 그 팔을 스치자, 아이는 놀란 눈으로 이맘의 눈을 쳐다보았고, 이맘은 근심스레 미소를 지으며 아이를 굽어보고, 진동하는 초승달(이슬람교의 상징) 앞에서 팔로 그를 안고는 세 번 쭉 뻗는다. 우리 중에는 지불한 돈만큼의 가치를 구하려 했던 영국인의 욕구보다 그 아이 어머니의 믿음에 의해 더 감명을 받은 이도 있었다. 이 일화를 여기에 적는 것은 점령군이 인기를 누릴만 한데도 그렇지 못한 이유를 보여줄 수도 있기 때문이다. 그 장교의 상의에 달린 리본에서 알 수 있듯이, 그가 유능한 군인임에 틀림없으며, 신병을 다루는 그 기술이나 작전 능력을 아무도 의심하지 않을 것이다. 그러나 이집트인을 다루는 데는 그런 작전 능력들이 주효한 것이 아니다.

피라미드에 이르는 방법은 여러 가지이다. 그곳 시공時空의 부조화에 아주 잘 어울리는 것이 있다. 그것은 그곳을 방문하는 가장 인기있는 방법이 사두마차 위에 붉은 코트에다 뿔같이 솟아 오른 종 모양의 모

스핑크스와 피라미드

자를 쓴 안내인, 그리고 윗옷 단추 구멍에 꽃을 꽂고 억지웃음을 지으며 고삐를 잡고 긴 낙타 행렬 사이를 헤집고 가는 젊은 신사 한 명을 대동하고 가는 것이다. 피라미드 발치에서 약 200야드 거리에 아주 괜찮은 호텔이 하나 있는데, 그곳에서 당나귀나 낙타를 타고 쿠푸왕의 피라미드 아래까지 모랫길을 올라갈 수 있다. 그런 다음 여러 가지 선택의 길이 열려 있다. 이 첫 번째 피라미드의 꼭대기로 기어 올라갈 수도 있고, 피라미드 안으로 포복해 들어갈 수도 있으며, 건너편 스핑크스를 둘러볼 수도 있고, 또 마그네슘 전선이나 양초 토막들이 불을 밝히고 있는 지하 무덤, 설화석고(알라바스터)와 반들거리는 돌로 된 복도를 돌아볼 수도 있다.

스핑크스가 별것 아니라고 말하는 것은 어리석은 것이다. 그러나 그것을 본 많은 사람들이 그렇게 말하고 나도 그중 한 사람에 속하지만, 그것은 특별히 존경심이나 상상력이 모자라기 때문이 아니다. 첫째, 그곳에 접근하는 방향이 나빴던 것 같다. 앞이 아니라 뒤에서 스핑크스로 다가서면 윤곽선이 망가진 목에서부터 뻗어 있는 무너진 돌무더기가 동그란 공처럼 보이는데, 그것은 당신이 기대했던 것보다 더 작고 더 보잘 것이 없다.

두 번째는, 스핑크스를 올려다보거나 그것이 당신을 내려다보는 위치에 있는 것보다는, 그 옆에 솟아 있는 반원형의 모래 능선에서 그것을 처음으로 본다면 사라져 버린 과거의 윤곽과 모습의 특징을 잘 보게 된다. 내가 카이로에 있을 때 사진으로 찍은 스핑크스를 본 적이 있는데, 그것은 실제보다 훨씬 더 인상적이었다. 모래 언덕들 사이 우묵한 곳에 자리한 스핑크스는, 더 잘 보기 위해 멀리 가면 멀어질수록 희미해지고, 또 더 가까이 다가설수록 의미를 잃게 된다. 그것은 마치 당신이 푸트라이트(footlight: 무대 아래서 비치는 조명)의 반대편에서 있을 때 보이는 극장의 무대와 같다. 이렇게 말하는 것은 흔한 경우는 아니고, 많은 사람들이 스핑크스의 얼굴을 처음 보았을 때 전율을 느끼고, 그 감정을 장황하게 묘사하고, 호텔로 돌아가 일기장에 그 감명을 적는다는 것을 나는 알고 있다. 그들은 그것을 보기 위해 먼 길을 왔고, 실망감을 갖지 않으려 한다. 이 스핑크스를 향해 가는 길에 들르게 되는 기자박물관에도 몇 개 스핑크스들이 있는데 실내에서 안내원들과 한때 처첩(하렘)들의 궁전이었던 이 박물관의 싸구려 장식 가운데 둘러싸여 있는데도, 이 거대한 바깥의 스핑크스보다 내게 더 인상적이었다. 그들은 거대한 녹색돌로 되었고, '삐죽한 입에 차가운 권위의 냉소'를 머금고 있다. 그들을 오래 바라보고 있노라면, 등골이 오싹해지며, 그들에게 달려들어 얼굴을 때리고, 그들이 알고 있고 감추고 있는 것, 수세기를 이어서 간직해 왔던 것들을 말하도록 강요하고 싶은 완전히 막무가내의 충동이 인다. 그들의 얼굴은 우리가 알고 있는 모든 것, 나아가 우리가 결코 알 수 없는 것을 알고 있는 듯 하며, 마침내 세상의 종말이 오면 그들은 기지개를 켜면서 서로에게 미소 지으며, 이렇게 말할 것이다. "우리가 그동안 알고 있었던 것을 이제야 '그들'이 알게 되었군. 우리가 원하기만 했다면 말을 해줄 수도 있었지만, 우리는 그들이 안달하고 노여워하고 눈치를 살피고 작은 망치로 우리 얼굴을 땜질하고, 또 힘으로 우리를 다시 원래의 모습으로 되돌리기 위해 칠레초석硝石으로 폭파하는 것을 가만히 지켜보고 있었지. 헤로도토스와 캐사르의 비밀을 간직해 왔던 우리가 에버스[27]와 마크 트웨인[28]에게 그것을 말해줄 것 같아?"

그런데 바로 (옥외에 있는) 이 스핑크스를 달빛에 보면, 그것은 내가 동방에서 본 다른 어떤 것보다 더 인상적이다. 그것은 낮에 관광객과 사진사들, 당나귀 소년들로 인해 진부한 것으로 보이는 그런 것이 아니다. 밤이 되어 관광객이 잠자리에 들고 돈을 받은 당나귀 소년들이 가버리고, 달빛이 거대한 검은 얼굴을 비치고, 그 뒤편 피라미드들이 검은 그림자와 은빛 윤곽으로 물러서며, 양편으로 너른 사막이 너무나 적막하고 조용해서 나는 홀로 2천 년 전 과거로 돌아가서 그 거대한

27) Ebers (1837~1898), 이집트의 고고학자.

28) Mark Twain(1835~1915), 미국의 소설가.

기념물을 나 혼자서, 그리고 처음으로 발견한 것 같았다.

쿠푸 피라미드에 올라가려면 먼저 당신은 중개인을 통해 당신을 위한 안내인을 소개해 주면서 피라미드를 마치 사유물인 것처럼 행동하는 그곳 수위와 거래를 해야 한다. 수위는 유일한 감독자인 동시에 입장권 수거인이다. 그는 근처 마을에 살고 있으며, 그와 그의 조상들은 언제나 피라미드에 대한 전매권을 인정받아 왔고, 관광객들로부터 받는 수당 중 최고액을 나누어 주는 안내인들에게 그 권한을 위임해 준다. 피라미드에 올라가려면 세 사람의 도움을 필요로 하는데, 두 사람은 앞에서 끌어 주고, 한 사람은 뒤에서 밀면서 설명하는 것이다. 당신의 손목을 끌어당기는 사람과 아래에서 미는 세 번째 사람의 도움을 받으며 꼭대기까지 올라가는 데는 10분 이상이 걸린다.

그것은 어려운 곡예는 아니며 여자들도 매일 올라가지만, 꼭대기에 도달하면 숨이 차고, 내려온 뒤에는 하루나 이틀 동안 무릎이 뻣뻣하다. 꼭대기에 다다르면, 지금까지 가끔 시도해 왔으나 한 번도 이루지 못한 것을 당신이 이루어낸 것 같은 느낌을 주려고 가이드들이 당신에게 건성의 환호를 보낸다. 그러나 당신은 거기에 속지 않으며 스스로 우쭐하고 싶은 마음도 없다. 그렇지만 전망을 보기 위해 올라갈 만한 가치가 있는 것이다. 피라미드의 그림자가 검은 구름같이 저 아래 마을과 운하 위로 뻗어 있는 광경이 당신에게 감명을 주는 것은, 그것이 메디슨 스퀘어 가든 위의 다이아나Diana[29] 꼭대기보다 100피트나 더 높

29) 달의 여신 동상.

다는 사실보다는 그 거대함에 있다. 내가 자신 있게 후자에 대해 말을 하는 것은, 메디슨 스퀘어 가든을 건설했던 사람이 피라미드의 꼭대기에서 가쁜 숨을 몰아쉬면서 그런 말을 했기 때문이다. 쉬는 동안에 해야 할 일은 당신이 올라와 있는 피라미드를 서둘러 내려가서 빽빽한 모래를 지나 건너편에 있는 피라미드로 가서 8분만에 그 꼭대기로 다시 올라가려 하는 안내인들 가운데 한 명에게 돈을 지불하는 것이다. 당신이 내려가자고 하면, 그는 뜀박질과 낙하로 껑충 뛰어올랐다 내려앉으며, 갈수록 점점 작아져 마침내 나부끼는 손수건 같아진다.

그리고 그가 모래가 있는 곳에 닿으면, 세 살배기 아이같이 작아 보인다. 그가 다른 피라미드로 올라가는 모양은 가파른 헛간 지붕에서 하얀 비둘기가 움직이는 것 같다. 그에게 이런 일은 아주 쉬운 일임에 틀림없다. 피라미드를 내려오는 일은 올라가는 것보다 훨씬 더 어렵다. 당신은 매우 천천히 움직여야 하고 아래에서 개미처럼 기어 다니는 사람들을 너무 자주 내려다보아서도 안 된다. 그렇지만 내려가다가 미끄러져서 떨어져서 죽은 사람은 6년 동안 4명밖에 없고, 또 그 중 한 명은 술 취한 상태였다. 떨어진 사람들은 모두 사망했다. 내 생각에 당신은 한 번 올라가는 것으로 끝내겠지만, 피라미드는 보면 볼수록 자꾸 더 보고 싶어진다. 그러나 바로 그곳에, 긴 세월 동안 자리하고 있는 피라미드가 주는 위엄과 경이로움은 볼 때마다 커진다. 그러나 당신은 피라미드에 대해 너무 잘 알 수는 없다. 피라미드가 그것을 허락하지 않을 것이기 때문이다.

기자의 피라미드에서 돌아오는 길목, 카이로 근처에 다른 피라미드들이 있는데, 이것은 스핑크스와 연결되어 있다. 이곳에서 카이로의 가

쿠푸왕의 피라미드

장 아름다운 풍광 중의 하나, 나일강의 펠루카(돛단배)를 볼 수 있다. 펠루카와 그 하얀 돛은, 특히 여러 척이 나란히 바람을 받으며 갈 때는, 떠다니는 물체 중에서 가장 아름답다. 수백 척이 시야를 가리면서 돛에 태양을 반사하며 당신을 향해 다가오고 양 둑이 야자수로 인해 생동하며 움직일 때 나일강은 카이로에서 최상의 공간이 된다.

나일강에는 당신이 가 볼만한 또 다른 곳이 있는데, 그곳은 관광객들이 잘 가지 않는 곳이다. 그곳은 로다섬이며, 먼 옛날 그 사주砂洲에서 모세가 발견되었고, 또 그곳에서 당신은 나일로미터를 볼 수 있다. 나일로미터는 지름 16피트 정도의 우물로, 수로를 통해 나일강과 연결되어 있다. 이것은 벽돌로 만들어졌으며, 한쪽 면 아래쪽으로 난 세로

나일강의 펠루카

줄에는 고대 아랍어 쿠파체의 숫자, 혹은 숫자에 상응하는 것이 새겨져있다. 그것은 수 세기 전에 새겨진 것으로, 강 수위의 증감과 동시에 이집트의 번영과 질곡을 표시한다. 수위가 증가하기 시작하면 이 조잡한 계기計器는 계속 점검되며, 진흙탕물이 그 좁은 우물을 오르내리는 데 따라 사람들의 소망도 오르내린다. 일정 수위에 달하면 관할 수장이 둑을 터서 토지에 관개를 할 때임을 알린다. 고대에는 세액이 범람의 정도에 따라 결정되었다. 나일로미터 관할 수장은 늘 정부의 권력에 종속되었다고 하는데, 정부는 농민들로 하여금 정부를 위하여 범람의 혜택이 주어지는 것으로 믿도록 했다.

나일로미터가 훼손되고 있음을 발견한 것은 나폴레옹 휘하의 토목기

나일로미터

사들이었으나, 현재 영국인들 하에서 그것이 나빠지고 있는 것 같지는 않다. 영국인에 의한 이집트의 관개 개선은 그들이 이루어 온 최선의 업적이었으며 농민에게도 이득이 되는 것이기 때문이다. 그런데도, 덩굴로 덮이고 잔해, 무너진 벽, 조각난 격자들로 둘러싸인 이 낡은 우물을 내려다보며, 수 세기 동안 기근과 풍요의 소식을 전했고 또 원시적 구조물이지만 이것이 이집트의 맥박이었던 사실을 생각해 보는 것은 흥미롭다.

오늘날 이집트의 맥박은 단순한 수위의 증감에 있는 것이 아니다. 그것은 덜 원시적인 구조물로서, 어느 쪽으로 튀어 오를지 아무도 모른다. 다음 장에서는 이집트의 맥박에 손을 대고 있는 사람들, 그리고 딱

한 가지 사실, 즉 이집트의 행복을 위한 손들이 너무 많다고 생각하는 사람들에 관해 몇 가지를 언급하게 될 것이다.

V
이집트의 영국인들

카이로 방문객들이 이집트에 대한 자신의 무지함을 처음으로 깨닫게 되고, 또 기념물들과 그 주변 과거의 흔적들을 이해하기 위해서는 4천 년간의 전체 세계사를 죄다 공부해야 한다는 사실을 알게 된다면 당장에 의기소침해질 것이다. 그러나 조금 지나면, 한 타협책으로 3900년을 생략하고 최근 10년간 이집트의 정치적, 사회적 상황을 공부하는 것으로 한정하게 된다. 그래서 자신감을 가지고 그에 대해 배우기 시작하는 순간, 최근 10년간 일어났던 변칙적이고 복잡다단한 정치보다는, 람세스 2세부터 이스마일의 무함마드 알리에 이르기까지 지나간 모든 것이 오히려, 교황의 계보처럼 단순하다는 것을 발견하게 된다. 그리고 여기에는 보기 드문 생생함과는 완전히 별도로 최근 이집트에 대한 공부를 매력적인 것으로 만드는 것, 또 어떤 성향의 사람인가를 불문하고 끌리는 면이 있다는 사실을 깨닫게 될 것이다. 만일 전문 회계인으

무함마드 알리 흉상

로 교육을 받은 사람이라면, 복잡한 계산(intricacies of the caisse)과 파산법을 설명하는 데 시간을 보낼 것이고, 법조인이라면 혼합 재판소Mixed Tribunal의 권력을 파헤칠 수도 있다. 낭만주의자라면 가장 국수주의적이며 가장 방탕한 군주인 이스마일의 이력을 읽게 될 것이다. 만일 모험이나 무력의 충돌에 관심을 갖는다면 마흐디의 아들 퍼지 버지의 영웅적 광신, 고던의 무익한 사명, 사막을 횡단한 스튜어트의 행보, 아부 — 클레아에서 벌어진 필사의 무용武勇 — 에 대해 읽을 것이다.

그러나 이집트가 주요 관심의 대상이 되는 것은 이 나라가 처한 묘한 상황으로서 이것은 퍼즐(짜맞추기 게임)이나 휘슬러의 재담같이 아주 흥미롭다. 모로코와 같이 자유로운 상태 혹은 튀니지 같이 보호령 하에 있는 것이 아닌 시기에도 이집트는 여전히 자유롭고 또 보호를 받고 있다. 이집트는 마음대로 화폐를 주조하고, 군대를 보유하고 조약을 맺었다. 오스만제국의 일부로서 600만 달러의 연공을 터키에 상납하고, 양해 하에 군대를 보유하고 또 영국인을 장교를 둘 수 있도록 용인되었다. 이집트가 찍어낼 수 있도록 허용된 돈도 외국인들의 동의가 없다면 변제 수단으로 사용하지 못했을 것이다.

무함마드 알리 모스크

또 그리스, 영국, 미국 그 어느 나라 사람이건 이곳 돈을 훔친 사람을 이들 외국인들의 동의 없이는 벌하지 못할 수도 있다. 이집트의 공식 언어는 한 외세의 언어이고, 그 형식적인 섭정은 따로 있고 실제 섭정은 또 다른 이로서, 후자의 명령은 '자문'이라는 불쾌한 위장 하에 하달된다.

최근 이집트 재무부 차관이었던 알프레드 밀너가 쓴 『이집트 내의 영국 England in Egypt』은 소설류같이 취급되었으나 해당 분야에서 최고 명성을 떨쳤는데, 당시 상황을 이렇게 적고 있다.

"터키 종주권과 대외 조약체결권의 복잡 다단함을 한 눈에 이해하는 것, 영사, 총영사, 공공부채 감독관, 또 다른 여러 행정 기제들에 의한 다양한 간섭 공작 세력을 파악하는 것, 영국 출신 장교와 이집트인 영국인 장교를 구분하고, 국제 재판소의 외국인 재판관과 국내 재판소의 외국인 재판관을 구분하는 것, 치외법권 조약의 정교한 함정을 피하기 위해 안간힘을 쓰면서 이집트 정부의 지침을 추종하는 것, 그 정부가 오직 6개 외세의 동의를 받을 때는 어떤 법을 제정할 수 있는지, 그리고 어떤 법이 14개 국 이상의 외세의 동의를 필요로 하는지 등을 이해하는 것은 인간의 지능으로는 불가능하다."

이 모든 부담, 역사에 유래가 없는 이런 괄목할 만한 사태에 대한 책임을 한 사람의 어깨에만 지우는 것은 상당히 부당한 것처럼 보이지만, 그래도 한 사람이 직간접으로 그에 대해 책임을 지고 있다. 그는 아직 살아있고, 터키 술탄의 궁정에 종속된 그는 한 때 세계에서 가장 멋있는 사람이었다. 이집트는 그때보다 더 번영을 누린 적이 예전에 없었는데, 그것이 고작 1,500만 달러의 차입금 때문이었다. 1876년 이스마일이 면직되고 그 아들 타우피크 파샤Tewfik Pasha가 승계자 빚이 44,500만 달러로 증가되었다. 이스마일은 전형적인 동방적 지배자였다. 그는 전형적 동방적 지배자가 갖는 프랑스식 겉치레와 교육을 습득했고, 이런 배합은 아주 심각한 결과를 초래하는 것으로 판명되었다. 동방인이 홀로 있을 때는 야만족 그자체이거나 아니면 그런 경향이 있다. 그런데 정작 9일 동안 파리의 대화에 대해 교육받고, 맬버러 하우스Marlborough House에서 호화로운 만찬을 대접받으며, 외투에 몇 개의 별을 달고 '친구'로 불린 다음 고향으로 돌아갈 때는, 이전의 잘못된 기벽奇癖에 대한 특별한 혐오는 없으나 사뭇 새로운 취향, 욕구, 야망을 가지게 되고, 그 후로는 거대한 무대의 유럽에 한 눈을 판 채 군주 역할을 수행하게 된다. 그는 유럽으로부터 칭찬을 듣고 싶어 하나, 고루한 — 자기 방식으로 접근하려 한다. 철도와 병원을 짓기 시작하지만 지난날의 관례에 따라 그 같은 개조의 자금을 합법화된 도박장이나 아편 판매에서 조달한다. 프랑스인 요리사를 거느리지만 가죽채찍을 소지하고, 전화를 설치하지만 교수형 밧줄을 포기하지 않는다.

이스마일은 자금을 만드는 가장 쉬운 방법이 빌리는 것이라는 사실을 발견한 첫 번째 이집트 총독이었다. 문서에 사인을 하기만 하면 돈이 생겼다. 이스마일이 돈을 빌리는 것은 식은 죽 먹기였는데, 그것은 이집트의 신용이 그 자체로서 건전했고, 또 당시만 해도 이집트에 북적거렸던 외국인들은 강력하고 자유로운 한 나라가 부채상환을 거부한다는 것은 가능한 일이지만 크게 염려할 필요까지는 없다고 생각했기 때문이다. 이렇게 역사에 유례없는 한 치세가 시작되었다. '돈이 돈을 낳는다'고 한다면, 돈을 마음대로 쓰는 사람들이 그렇지 않은 사람들보다 더 그런 기회가 많은 것 또한 사실이다. 온갖 풍토, 온갖 국적의 투기꾼, 협잡군, 불한당들이 카이로에 쇄도했고, 이 무모한 탕아가 모든 내빈들에게 제공하는 이 연회에서 자신의 배불리는 기회를 갖기 위해 서로 경쟁했다. 아마 이스마일과 같이 그렇게 열악하게, 혹은 큰 규모로 기만당한 사람도 없을 것이다. 그리고 폐허를 제외하고는 자신의 개인적 쾌락을 위해 돈을 썼던 흔적이 아무 것도 남아있지 않다. 또 다른 간덩이 부은 불량배, 윌리암 트위드William M. Tweed는 자신이 공금 횡

알렉산드리아의 해변

령한 사실을 기념하기 위해서 법전 같은 기념비를 남겼으나, 이스마일의 궁전은 허물어져 폐허가 되고, 비가 판자의 도료를 벗겨 내리고, 초승달 기장旗章들의 꼭대기는 파손되었으며, 우물과 모자이크로 장식된 보도로 그득했던 거대한 정원들은 잡초가 우거지고 낙엽, 무관심과 쇠락의 누추함에 싸여있다. 당신은 폐허의 토대 위에 자체의 무게로 내려앉은 긴 대리석 바닥을 걸어갈 수 있고, 또 금테두리에 푸른 비단 커튼이 쳐져 있는 둔탁해진 제2제국의 거울에 전신을 비쳐볼 수도 있다. 사람들이 모자를 주문하듯이 이스마일은 이들 궁전을 만들도록 하고는 포신에서 빈 탄약통을 빼서 버리듯이 팽개쳐 버렸다. 빈 탄약통, 대리석처럼 보이지만 단순한 나무 판자, 금도금과 거울들, 대부분 이런 것들이 '백년 전시회Cetennial Exposition'에서의 건물들처럼 무미하고도 오래 지속되는 것이다.

그런데 이스마일은 이런 것에서 즐거움을 느꼈고, 점점 더 많이 사들여서, 그의 눈초리가 어디로 향하든, 고귀한 몸을 은닉하는 처소이며 자신의 위대함을 증명하는 궁전 위에 머물게 된다. 그는 많은 것을 그것도 당장에 원했다. 촛불을 밝히고 밤새 그것들을 지어 올리도록 했다. 지금은 박물관이 된 기자의 왕궁은 카이로가 잠들어 있는 동안 이런 식으로 세워졌고, 2,400만 달러가 소요되었다. 그 창문의 커튼은 하나에 천 달러가 들어갔고, 그것이 창의 크기에 맞지 않는 것으로 판명되자, 건물의 전면 전체가 헐리고 그 정면은 커튼에 맞는 창을 가진 것으로 대체되었다. 그는 코번트 가든(런던 중심가에 있는 왕실 오페라)같이 멋진 오페라 하우스를 6개월만에 지었고, 또 맘모스 동굴(미국 켄터키주에 있는 석회암 동굴)같이 어둡고 서늘한 동굴을 만들었는데, 거기에는 색칠한 밧줄로 된 종유석, 종이 반죽과 진흙으로 된 바위, 그리고 그 옆으로는 진기한 물고기가 헤엄치는 수족관이 늘어서 있었다. 지금 이 동굴에는 바람과 먼지가 지나다닌다. 공중에 궁전을 지어 올린 후 곧 그는 새로운 유희로 관심을 돌리게 되는데, 이것은 당신이 눈으로 볼 수 있는 것이다. 당신이 들을 수 있는 것들은 일부는 사실이고, 일부는 사라져 버렸으나 개연성이 있는 것인데, 후자의 예가 목욕탕이다. 그곳은 하렘의 백 명의 노예들이 함께 목욕을 함으로써 그의 위상을 높였다. 파이를 자르면 거기서 발레 댄서가 걸어 나왔다. 또 너무 부자가 된 파샤가 행방불명된 이야기가 있다. 불행히도 이 이야기는 사실이며, 아라비안나이트(천일야화)의 일화가 아니다. 새로운 나일강 객선을 구경하기 위해 이스마일에 의해 초대받은 이 파샤는 영영 돌아오지 않았다. 그런데 총독의 시종 가운데 한 사람이 몇 주 후에 관절 부분이 절단된 파샤의 손가락을 가지고 돌아왔다. 너무 부자가 된 그 파샤가 어디로 갔는지를 아는 것은 그 시종과 이스마일뿐인 것이다.

이런 방종과 기벽은 동방 전제군주에 대해 우리가 가진 개념에 어울리는 것이다. 그러나 이스마일의 한쪽 면만 조명하는 것은 아주 불공정하고 편협한 짓이다. 그는 관대하고 풍부한 창의력을 가지고 있는 동시에, 몬테 크리스토 백작 같이 한동안 주색에 탐닉했고 재력이 있었다. 알렉산드리아 항구를 건설한 것도 그였고, 철도와 운하의 완성은 다른 이들이 했으나 시작한 것은 그였다. 철도, 운하, 궁전, 진흙으로 만든 동굴, 이 모든 것들에 돈이 들어갔고, 또 다른 비용도 들었다. 산업계 인사knights들과 온갖 종류의 불한당들은 이스마일이 짐짓 계약을 불이행했다는 구실의 배상금으로 그로부터 거액의 재물을 갈취했고 이권 특허장을 요구했다. 이 가운데 어떤 것은, '수에즈 운하 회사Suez Canal Company'에 1,500만 달러를 지급한 것같이, 상당히 타당성이 있는 것도 있다. 그러나 그는 상속 순서를 변경하여 장자상속제를 도

이스마일 흉상

입하기 위해 터키 왕조에게 거액의 수수료를 지급하기도 했다. 그때까지만 해도 통치 가문의 최연장자(장자가 아니라도)가 언제나 권력을 승계해 왔다. 그러나 이스마일은 그의 아들이 그를 잇도록 술탄으로부터 허가장을 받았다. 이런 타고난 허영 혹은 가족에 대한 애착은 그냥 얻어지는 것이 아니라 그대로 민중의 부담으로 내려앉았다. 민중은 이미 다중의 납세 부담으로 신음하고 있었다. 군대는 보수를 받지 못했고, 관료들은 완전히 썩어 있었다. 수뇌와 강탈, 부당한 세금, 남의 재산을 공공연히 몰수하는 행위는 나라를 거의 파탄 수준으로 몰아갔다. 열여섯 살의 이스마일은 토착인뿐 아니라 국내외의 외국인들에게까지도 완전한 파멸의 상태를 유발했다. 그래서 외국인들은 개혁의 기치를 올리게 되었다. 내가 이스마일에 대해 많은 이야기를 하는 것은 새롭거나 생소한 것이기 때문이 아니라, 그 실정으로 인해 외세가 어떻게 이집트의 해안에 발을 들여놓게 되었는가, 그리고 그 발디딤이 지금은 이집트인 토착, 고유의 것을 짓밟는 단계에 이르게 되었음을 보여주기 때문이다. 이 최초의 쐐기가 '이원적 지배권력Dual Control'이라 불리는 프랑스와 영국이다. 양국은 마치 잘못 운영되는 철도의 인수자가 임명되는 것같이, 이집트를 인수하도록 위임받았다. 그리고 이스마일이 폐위되고, 그 아들이 승계했다.

이것이 외세에 이집트의 통치권을 부여하는 첫 번째의 중요한, 가장 공식적인 사건이긴 하지만, 그 전에 이미 외세는 협정을 통해 이집트 내에서 특권을 가지고 있거나, 혹은 그런 특권들이 이미 과거에도 터키와 그 속국인 이집트에서 거류외인들에게 부여되었다. 16세기에 이들 동방국가에서 무역을 했던 외국인들은 현실적으로 토착인들로부터 자신을 보호할 필요성을 느꼈다. 외국인으로서 그들은 자신을 위한 보호 장치가 결여되어 있다고 생각했고, 상점이 파괴되거나 목이 달아나 버리는 피해를 상쇄하기 위해 술탄으로부터 특권을 부여받았다. 그것은 면세, 불체포 특권, 주거 불가침, 토착 재판권 미적용 같은 것이었다.

외국인들이 왜소한 세력의 콘스탄티노플로부터 얻어낸 특권이란 사실 보잘것없는 것에서, 1849년 샌프란시스코의 중국인의 지위는 상대적으로 강력한 귀족의 것에 맞먹는것이라 할 수 있다. 그러나 용광로 바닥돌의 온기로 뱀은 자랐고 술탄의 제국은 시들어 갔다. 외국인이 와서 머물도록 유인하기 위해 주어진 특권은 터키에 해악을 끼쳤고, 그보다 약한 이집트에는 저주가 되었다. 예를 들면, 주거 불침입 특권은 당시에 바로 외국인들이 사악한 무언가를 옮기거나, 범죄를 지은 사람이 소속 국가를 대리하는 관리가 임석하지 않는 한 이집트 경찰에 의해 체포될 수 없도록 하는 데 이용되었다. 한 예로 뉴욕의 경찰이 도박장을 급습하려 한다고 치자. 이런 상황을 이해하려면, 독자의 상당한 상상력이 필요한 것이지만, 이 도박장이 정기적으로 경찰에 세액을 납부하지 않아서 손을 한번 볼 필요가 있는 경우라고 가정하자. 이때 도박장 주인이 할 수 있는 조처란, 상호 협정이 뉴욕에도 적용이 되는 경우, 그곳을 이탈리아인에게 임대하거나, 아니면 스스로 영국 정부로부터 귀화인 증명서를 받아오는 것이다. 체포를 하러갔는데 독일인이 자신은 영국인이라고 주장하고 그래서 주거 불침입 특권이 적용될 때 법 집행인이 느낄 황당함을 당신은 이해할 수 있을 것이다. 당신이 추측할 수 있듯이, 이런 특권은 정의의 수레가 굴러가지 못하도록 하는 것이다.

내가 카이로에 있을 때, 미국 시민으로 귀화 증명서를 받은 한 그리스인이, 도박장 운영 때문에 자신을 체포하려고 원주민 경찰이 올 때마다, 이런 사실을 빌미로 경찰의 면전에서 큰소리를 쳤다. 그러자 그 경찰들은 우리나라(미국) 총영사 캔사스 알빌렌느의 E.C. 리틀 씨에게 호소했고, 리틀 씨는 카이로의 다른 일부 총영사들이 하는 관례와 달리 지체하거나 범죄자에게 미리 귀뜸 하지 않고, 즉시 군인들을 보내서 그 임석 하에 혐의자를 체포하도록 했다. 그러자 그 혐의자는 이에 맞서서 다른 그리스계 미국 시민권자를 데리고 와서는 그 집을 그 사람에게 임대했고 그 가족이 집안에 산다고 주장했다. 리틀 씨는 도박장을 은폐하는데 미국 국기가 크게 이용되지는 않았고, 또 그가 군청 소재지 시합에 참가하며 커브 공을 세 번이나 던진 청년이라는 점을 참작하여 선처하고, 24시간 이내에 룰렛 탁자들을 치우지 않으면 자신이 직접 도끼를 들고 그 집을 부셔서 불쏘시개를 만들어 버리겠다고 으름장을 놓았다. 이 사건은 16세기의 협정이 오늘날 이집트인에게 장애물이 되고 있음을 보여주고 있다. 드문 예이긴 하지만 총영사가 드문 예로 토착 정부를 도우려는 총영사가 있었음에도 그러했다.

이런 것이 다가 아니다. 현재의 외국인들은 카이로 거주민들 가운데서 최고의 부자들이므로, 그들에 대한 세금의 전면 면제는 너무나 명백하게 부당한 것이다. 그리고 국제 사법의 혼합 재판소가 총영사에 의한 거류외인(미국인) 재판제도 혹은 민사의 경우 재판 부재의 실태를 척결했는데도, 우리들을 포함한 기타 외세에 의해 심각하고도 참으로 부당한 부담이 약자에게 여전히 가해지고 있다.

이집트에서 '이원적(영국과 프랑스) 지배권력'과 대한 외세의 영향력이

카이로 성채 입구

증가하게 된 이야기로 돌아가자. '이원적 지배권력'은 평판이 나빴다. 사람뿐만 아니라 그 협정 내용도 그랬다. 외국인은 이스마일이 그 힘을 탕진한 후 나라의 허약함을 이용하여 살을 찌우면서 너무 방자해졌으므로, 총독 휘하 군대 소속의 한 장군이 '이집트인을 위한 이집트'라는 구호를 내걸었고 이것은 아랍주의 운동 혹은 반항을 뜻하는 용어로 사용할 지경이 되었다. 그 선봉은 아라비 파샤였다. 그는 미국의 '무지주의자Now-Nothing Party'와 같은 것을 지향했고, 동족을 위해 자신의 나라를 지키려 했다. 개인적으로 다른 무엇을 추구했는지 하는 것은 여기서 문제가 되지 않는다. 총독이 보기에 그는 반도였으나, 일부 민중의 눈에는 그가 외세 침략의 병폐에 대항한 이른바 '구국열사'였다.

문제는 알렉산드리아에서 시작되었다. 폭동이 일어나서, 성난 민중이 거류외인을 공격하여 그 일부를 죽이고 귀중한 재산을 파괴한 것이다. '이원적 지배권력'의 양대 세력으로 구성된 '호전적인 사람들men of war'은 대번에 폭동 진압 단계로 돌입했다. 해변에서의 폭동이 극에 달했을 때, 영국 전함이 도시에 포격을 가했다. 알렉산드리아를 포격한 것은 전쟁을 뜻하는 것이었으나, 그 규모는 크지 않았다. 요새나 전함같이 포격을 받기 위해 만들어진 것들이 있으나, 도시는 그런 용도로 혹은 그런 궁극적인 경우를 예측하여 만들어진 것이 아니다. 어쨌든 한 민족으로서 영국 민중은 다른 이들과 마찬가지로 알렉산드리아가 포격당한 사실에 연민을 가졌다. 프랑스 전함 측에서는 포격에 동참하기를 거부했으므로, 영국 함장으로부터 떠나가도록 요청받게 되고 '이원적 지배권력' 중 한편인 영국에게 완전히 주도권을 넘겨주게 되었다. 당시의 위기상황에서 프랑스 함대가 떠나간 이유에 대해서는 사람마다 해석이 다르다. 일부에서는 M. 프레이시네Freycinet와 그 정책을 싫어했던 클레망소가 전방에서 독일 늑대의 울음을 일으키고는, 육·해군이 자국의 국경을 지키지 않고 다른 일에 몰두한다면 국내가 위험해질 것이라고 프랑스인들에게 귀띔을 했을 가능성이 있다고 말한다. 다른 사람의 말로는, '숲속의 아이들 Babes in the Wood'에 나오는 두 도적들 가운데 한 선한 사람처럼, '이원적 지배권력' 가운데 한편인 프랑스가 보호해야 한다고 생각한 지역에서 살해하거나 포격하는 행위를 거부했기 때문이라고 한다. 프랑스는 이집트인들을 약탈하는 것은 있을 수 있으나, 그 도시를 포격하는 것은 안 된다는 입장에 있었다는 것이다. 아무튼 프랑스인들은 여기서 물러섰다. 영국인들은 알렉산드리아를 포격한

다음 텔-엘-케비르 전투를 벌였고, 거기서 이집트인의 반란은 진압되었다. 카이로 성채가 영국인에게 넘어갔고, 이집트인 총독의 통치는 여전히 지속되었다. 그러나 영국인은 짐짓 '질서 회복'과 '총독 권위의 유지를 위한 적절한 수단의 편제'를 감독하기 위해 그대로 머물렀다. 그들은 지금 10년째 그 작업을 계속하고 있는데 재미있는 것은 거의 진척이 없다는 것이다. 더구나 최근 카이로의 '혼란'은 영국 총영사 자신이 어린 총독으로 하여금 단 24시간 안에 휘하 내각 각료 한 사람을 해고하도록 강요했기 때문에 야기되었다. 이런 사실은 영국인이 약속한 '총독의 권위를 유지' 하는 조처로 보기 힘들다.

텔-엘-케비르 전투 이후 대영제국Great Britain은 이집트, 혹은 총독의 구세주로서의 지위를 점하게 된 것이 명백하다. 영국 군대가 반도들을 진압했고, 그런 과정에서 '최고 장군Only General'이며 왕족의 일원, 그리고 수천의 유능한 사람들을 파견하여 인력뿐 아니라 돈까지 잃었으므로, 그 보상받을 권리가 있다고 생각했다. 영국이 받아낸 보상은 점진적으로 이루어져, 드디어 지금에 와서 이집트를 장악하게 된 것이다. 만일 영국인이 아라비를 진압하고 난 다음 바로 이어진 수단 전쟁에서 더 많은 사람과 돈을 잃지 않았더라면, 스스로 이집트를 자신의 식민지로 만드는 사태로까지 발전하지는 않았을 수도 있다. 그러나 너무나 많은 희생을 치르고 영국 군대의 패기를 보여주기만 했을 뿐 완전히 실패로 끝난 수단 전쟁이 어떤 식으로든 보상되어져야 한다는 생각을 영국이 갖게된 것은 상식을 벗어난 일이 아니다. 나는 참으로 생생하고 영웅적인 이 전쟁들에 대한 이야기를 적고 싶지만, 그것만으로도 한 권의 책이 된다. 그래서 간단히 적자면 다음과 같다. 아라비가 패배

한 직후, '마흐디'로 알려진 종교적, 군사적 지도자의 통솔 아래에 수단이 궐기하여 전체 이집트를 위협했다. 그리하여 영국인 힉스 장군이 1만 명의 군대를 거느리고 이집트 총독을 보호하고 마흐디를 대적하기 위해 파견되었다. 그런데 힉스를 비롯하여 함께 있던 군대가 거의 전멸했다. 당시 이집트의 유일한 외세로 모든 것을 막후에서 조종하면서 실세로 군림하던 영국인은 자신이 가진 지위에 맞는 책임을 지고 또 그 이익을 누리며, 살육에 대한 보복을 하고, 마흐디의 세력을 격퇴하고, 가능하다면 그와 그 무리들을 아예 박멸해야겠다고 생각했다. 이 작전은 그 후 총 사령관Major-General C.G. 고던이 카르툼에 나타나면서 더 복잡하게 얽혀들었다. 그는 당시 아직도 수단에 잔류해 있던 이집트 군대를 안전하게 후퇴시키기 위한 사명을 띠고 그곳으로 갔던 것이다. 그는 제5폭포보다 훨씬 상류의 나일강 둑에 위치한 진흙의 그곳 도시에서 마침내 포로로 잡혔다. 그의 구출 작전과 마흐디 박멸을 위한 그 후의 시도도 성공하지 못했다.

이 몇 마디의 설명이 최근 20년간 생생하고 영웅적이고 비극적인 사건들 가운데서 유례가 없는 한 전투에 대한 이야기이다. 과거의 개인적 패기, 백병전, 대인對人 공격과 방어전은 끝이 났다고 말을 해왔다. 새로운 전쟁 무기들로 인해 공격 지점에서 수 마일 떨어진 곳에서 적을 격퇴할 수 있고, 전기장치 단추를 눌러 적을 괴멸하고, 손잡이를 돌리면 1분에 300발의 총알이 보병 부대를 향해 발사되는 시대에는, 개인의 무용武勇은 무용지물이 되었다. 그러나 수단에서와 같이 맹렬한 개인의 저항, 혹은 상식을 벗어난 전법이 가끔 역사에서 재현된다. 한편, 마흐디를 지지했던 알몸의 사람들은 창과 칼로 무장을 하고 소가죽으로 된 방패에만 의지했으나, 죽음의 공포 없이, 기쁨과 긍지의 영생을 얻을 수 있다는 믿음과 함께 적군 앞에서 환희를 불어넣는 종교적 광신에 고무되었다. 그들에게 맞선 영국인은 고작 1:10의 인력으로, 수백 마일의 모래사막을 앞, 뒤 사방으로 두고, 외부 세계와 연락이 단절된 채, 불모의 낯선 땅에서, 수만 사람들의 공격에 노출되었다. 적은 원할 때 원하는 곳에서 쳐들어 왔고, 사막의 폭풍이 일듯이 갑자기 나타났다가 다시 홀연히 사막으로 사라져갔다.

내가 카이로에 머물 때, 마흐디 부하 가운데 한 사람에 대한 이야기를 들은 적이 있다. 그는 몸에서 방패를 멀리하면서 돌격하여 창을 던지고는 다시 후퇴하는 방법으로, 전투기간 내내 계속 영국 부대를 공격해 왔다고 한다. 처음 영국인들이 보기에 이런 방법은 최악의 무모한 전법 같았으나, 그는 방패로 자신의 작은 자식을 보호하고 있다는 것을 마침내 알게 되었다. 일곱 살도 채 안된 것 같은 그 아이도 그 아버지와 같이 알몸이었으며, 방패 뒤에 숨어서 기회가 있을 때마다 자기도 창을 던지곤 한 것이다. 그 아버지는 4번이나 상처를 입었으나, 총알을 맞을 때마다, 개가 물기를 털어내듯이, 몸을 털었을 뿐 다시 공격에 임했다. 마지막으로 그가 쓰러질 때 그 아이는 넓적다리의 상처로 의식 불명인 채 그 아버지의 옆으로 뒹굴어 넘어졌다. 군의관들이 그의 상처를 치료하여 붕대로 맸는데, 그 아이가 정신이 들어서 군의관들이 한 것을 보더니, 달려들어 그 주변의 천을 뜯어냈고, 개봉된 상처에서 피가 솟아나와 뒤로 죽어 넘어졌다. 이 이야기를 전해 준 영국인 장교는 그런 인간들과 싸우는 것이 도대체 무슨 의미가 있는지 하는 것에 의문을 표했다.

그러나 수단이 여기서 갖는 유일한 의미는 이 전투를 통해 너무나 많은 것을 잃었으나 영국이 이집트를 떠나야겠다는 마음을 그 전보다 더 많이 갖게 되지는 않았다는 점이다. 당시 많은 사람들이 생각했고 지금까지도 그런 생각을 하는 사람들이 더러 있는 데도 말이다. 이집트를 경영하는 데 이미 많은 경비가 소요되었고, 그것은 그들이 얻어갈 수 있는 것보다 더 많다. 아무튼 고던을 잃었다는 사실이 영국민들에게 가장 쓰라린 재앙의 느낌을 가져다 주었을 것이다. 그들이 트라팔가 광장에 고던을 위해 세운 조상에서 당시 그런 느낌이 얼마나 절실했던가 하는 것을 알 수 있다. 그 조상은 영국인들의 왕과 가장 위대했던 장군들에 의해 둘러싸여 있다. 한 발은 카르툼 전장터에 걸쳐 있고, 팔짱을 낀, 그의 머리는 약간 앞으로 향했는데, 그것은 그가 수개월 동안 기다리는데 지쳤으나 너무나 늦게 도착하게 되는 구원군을 기다리고 있는 듯하다. 이 기념물은 맹목적으로 고던의 생명을 희생으로 지불하게 한 사람들에게는 치욕이다. 그러나 그 조상을 공공장소에 세우는 것 자체가 용감한 행위였으며, 지금까지도 귀중한 생명을 앗아간 소홀과 인면수심, 이집트를 얻기 위해 재삼 시도된 모험을 상징하는 영원한 기념물이다. 그것은 고던 장군뿐 아니라, 청동과 돌을 통해 자신들이 옳지 못했음을 시인하는 용기를 가진 영국인을 위한 기념물이다.

최근 10년간 그들은, 고던의 뒤를 쫓아 수단으로 갈 때 지체한 것처럼, 이집트에서 발을 빼는 데 늑장을 부리고 있다. 그들은 의회뿐 아니라 외세들의 질문에 대한 답변에서도, 그곳에서 손뗄 의사가 있음을 재차 밝혔으나, 여전히 그곳에 머물고 있다. 그들이 이집트에 머무르는 동안 태만했던 것은 아니었고, 많은 선행을 했으며 무수한 이익을 가져다주기도 했다. 농지의 비옥함을 좌우하는 관개 체계를 개선했고, 군대를 강화했으며, 강제노역 혹은 부과되는 세금과 징벌에 사용되는 채찍형을 폐지했다. 가장 괄목할 만한 것은 영국인이 이집트를 파멸에서 구하고 번영을 이루도록함으로써, 이집트는 막대한 빚의 이자를 지불했을 뿐만 아니라 약간 남는 것으로 내부환경의 개선도 도모했다. 사법재판소의 상황에서도 현저하게 개선되었고, 철로가 연장되어 시르게 Sirgeh까지 나일강변을 거슬러 올라갔다.

그러나 지금 영국은 이루어진 이 모든 것에 대해 찬사, 그것도 보상을 받으려는 마음이나 생각 없이, 순수하게 그저 인류와 특히 이집트인을 위해서 했다는 찬사를 받고 싶어 한다. 그들을 보면서 나는 G.A.R.을 가억하게 되는데, 그들은 연금이나 메달뿐 아니라 나라가 궁지에 처했을 때 헌신적으로 나라를 구한 구원자로 칭송받기를 원했다. 왜 한 사람이 조국을 위해 생명의 위험을 감수할 때 명예가 주어지지 않는가 하는 것을 가지고 따질 수는 없는 것이다. 또 만일 그가 명예를 원한다면, 더미째 주어질 수도 있지만, 돈도 따라가는 것은 말이 안 된다. 그가 충직하고 용감했기 때문에, 아니면 어떤 위험을 감수한 보상으로 돈을 바랐기 때문에 조국을 위해 일했을 수도 있다. 다만 그가 명예나 돈 중 하나를 가지도록 허용할 수는 있으나, 둘 다 가지려고 욕심을 부려서는 안 되는 것이다. 영국은 이집트에서 아주 많은 덕을 보았고, 아직은 얻으려고 하는 모든 것을 갖지 못했으나, 세계가 이런 사실을 몰랐으면 하는 바람이고, 오히려 자신이 덜 발달하고 더 허약한 민족을 도와서 다시 서도록 하는 헌신적이고 계몽된 나라로 인정해 주기를 원한다. 물론, 영국이 세상에서 두루 삼킬 것을 찾으면서 포효하는 사자처럼 활보하고 다닐 때는, 그것은 우리 관심 밖의 일이다(적어도 이렇게 말하는 것이 우리의 정책이다). 미국인들은 주로 대륙을 여행하므로 만일 세상의 한적한 구석으로 가보지 않는다면 영국인이 장악하지 않은 것이 거의 없다는 사실을 깨닫지 못한다. 내가 보기에, 사람들이 영국 깃발의 그늘 아래 배를 타고 항해 하고 다시 상륙하는 데 조금은 지쳐있는 것 같다. 만일 미국이 하와이에서 시작하여 계속 다른 민족의 영토를 병합해 갔다면, 우리는 세상의 가장 좋은 땅과 우체국 부지는 모두 선점되어 있음을 보게 되었을 것이다. 월코트 상원의원이 언젠가 퀘이 상원의원에게 다음과 같이 말했다. "퀘이 씨, 당신이 도서관 위원회의 의장이 되고 싶어하는 것을 알고 있소. 당신은 온 땅을 원하는 듯하오. 만일 조심하지 않으면, 내 계획과 충돌하게 될 것이요."

만일 미국이 소공녀로부터 섬을 빼앗고 더 약한 나라들을 계속 약탈해갔다면, 영국도 또한 온 땅을 원한다는 것, 그리고 누군가가 영국을 저지하지 않는다면 그들은 곧 승승장구하여 지구를 손에 넣게 될 것이라는 사실을 깨닫게 되었을 것이다. 그런데 영국에 있는 많은 선한 사람들은 최근 10년 동안 그 동족이 전도사업 같이 이집트를 구원하기 위해 시간과 돈을 소비한 것으로 믿고 있다. 또 너무 천진해서 다음과 같은 한 마디 말로 모든 것을 요약하는 이도 있다. "이집트를 위하는 것이 아니라면 우리는 어린 아이들과 함께 무슨 할 일이 있었을까?"

이집트 총독 군대 장교의 3/4은 영국 청년들로, 이들은 조국에서는 소위이며, 이집트에서는 소령이다. 이들은 영국군대에 있을 때보다 두 배의 보수를 받으며, 지불자는 영국인이 아니라 이집트 총독이다. 이런 식으로 영국은 세 가지를 얻는다. 그만한 숫자의 장교를 유지하는 비용을 절약하고, 훈련의 기회를 주는 이집트를 이집트인들의 비용으로 경험하게 하는 동시에 바로 이 장교들을 통해 이집트 군대를 통제하면서 이집트의 비용으로 영국인 자신의 이익을 추구할 수 있는 것이 그것이다. 또 이런 것으로 충분하지 않은 듯, 영국은 이곳에 '점령군'을 주둔시키고 그것을 통해 토착 권력을 협박하고 있다. 최근 이집트의 관개는 완전히 영국인들에 의해 이루어졌으나, 이집트가 비용을 지불했다. 그 철도도 영국인에 의해 설치되었는데, 큰 계약은 영국 상사 및 제조업자에게 돌아갔다. 그리고 홍해 코세이르Kosseir에 건설될 철도는 이집트 측의 편의를 위해 곡물을 수송하기 위해 고안되었거나 혹은, 수에즈 운하가 점령되거나 아니면 인도로 가는 최단거리 길에 다른 어떤 장애물이 생기는 경우 홍해로 군대를 파견하기 위해서 설계된 것일 수도 있다. 우리는 이집트인들이 스스로 통치할 수 없다고 믿을 수도 있고, 또 이집트인 스스로가 아니라 다른 이들이 언제나 그들과 나라를 지배하는 것이 운명이라고 믿을 수도 있다. 그러나 이집트인을 지배하는 자들이, 짐짓 '조언자'와 '질서 회복자'로서가 아니라, 정복자로서 주둔하는 것이라고 솔직하게 말하고 행동하기를 우리는 바란다. 나폴레옹은 깃발을 흔들고 북을 치면서 공개적인 적으로서 카이로로 들어왔다. 그는 전도사나 관개 전문가의 탈을 쓰고 온 것이 아니었다.

지금의 이집트인들이 방치된다면 스스로를 다스릴 수 있는 능력이 있는가 하는 것은 언제나 논란거리가 되는 것이다. 그러나 내가 만난 이집트 관리들은 이스마일의 방탕과 실정을 재현할 것 같지는 않은 사람들이었다. 그들은 어떤 나라에서도 거목이 될 것이다. 교양있는 신사들로서, 여러 궁정에서 봉사하거나 중요한 외교적 임무를 수행했고, 그 취향과 포부는 현대 영국인들의 것만큼 가치있고 개방적이다.

현재 이집트 총독의 가장 저명한 조언자 두 명은 그의 수상 리아즈 파샤와 외무장관 티그라네 파샤Tigrane Pasha이다. 전자는 터키인, 후자는 미국인 기독교도이다. 리아즈는 어렸을 때 노예로서 이집트로 왔다고 한다. 그런 출신으로 수상이 되기까지 자수성가한 사람은 무언가 자질을 가지고 있음에 틀림없다. 그는 이스마일 통치 당시에, 노바르 파샤와 함께 이스마일의 방탕함에 강력히 반대함으로써, 나라의 선을 위한 그 마음가짐과 소망을 증명했고, 또 이집트 재정을 더 굳건한 기반 위에 세우는 과정에서 그가 영국인에게 협조한 것은 순발력 있고 매우 값진 것이었다. 그는 이집트 내각에서 모든 직책을 두루 섭렵했으며, 새로운 것을 배우기 힘들 정도로 너무 나이가 많은 것도 아니어서, 만일 혼자 방치된다 해도 자체 통치능력이 있는 정치가로서 노련하고 자질 있는 인물이다.

내가 보기에 티그라네 파샤는 정치가라기보다는 외교가 같아 보였으나, 이집트인의 장점은 물론 약점을 이해하고 있었던 사실에서 그 능력을 증명했다. 최선의 애국자는 조국의 모든 사람들이 완벽하다고 믿는 광신자가 아니다. 영국 각료의 반이 자신의 나라에 대해 알고 있는 것보다도 다른 여러 정부들에 대해 더 많은 지식을 갖춘 사람, 이집트 총독과 그 나라에 대해 최선을 갈구하는 사람이 영국인 주재공사의 조언 혹은 후원을 필요로 한다고 말하는 것은 어리석은 것이다. 이는 마치 프랑스 내각이 '파리 콩트의 성명서Manifestoes of the Compte de Paris'에 따라 자신을 통치해야 한다고 말하는 것과 같다. 이집트인들은 야만족도 아니고 폭군들도 아니다. 그들의 땅을 호의나 유산으로 얻은 것이 절대 아니다. 그들의 고향은 로즈버리경이나 헨리 드러몬드 울프경의 고향같이 미술, 역사, 문학의 재보들로 가득하며, 만일 영국인이 그들의 나라와 그들 총독의 권력을 돌보려 한다면, 둘 다 안전하게 확보하지 못하게 될 것이 분명하다.

이집트 총독 자신에 대해 영국 신문들은 아주 너그럽게도, 자신에게 최선이 어떤 것인시를 모르는 '뚱한 소년'으로 묘사해왔다. 자신의 나라와 그 민중을 자기 방식대로 지배하기를 원하는 무모한 소년으로 그를 묘사하는 것은 있을 수 있는 일이다. 그러나 그는 그렇게 하도록 용납되지 않았을 뿐 아니라 그의 보호자(섭정)들로부터 생각이 모자라는 것처럼 취급받았고, 그 보호자들은 무례에 모욕을 더하고 그가 실제 가진 권력보다 더 왜소한 것으로 보이도록 했다. 아마도 그는 크로머경에게 분명히 이렇게 말했을 것이다. "모든 것이 당신의 욕심을 잘 감춰주고 있는데도, 왜 당신은 나를 계단 아래로 차버렸오?"

지금은 크로머경이 된 이집트 내 실권자로서 에벌린 베리경은 이집트가 지금처럼 빛을 지는데 다른 이 만큼 충실하고 성공적으로 기여했다. 그는 최근 10년 초기부터 이집트에 있었고, 자신의 나라로부터 거의 무제한의 권력과 권위를 위임받고 있었으므로, 그가 가졌던 형식상의 직함 '총영사 및 외교관'은 무의미한 것이었다. 그의 외모는 전형적인 영국인으로, 넓은 어깨에다 온통 큰 몸집에다 말끔하게 면도한 얼굴, 목욕탕에서 금방 나온 것 같은 해맑은 모습이었다. 대화를 할 때면, 그는 어떻게 말하는가 보다 무엇을 말해야 할까에 대해 더 많이 조심한다. 이런 내 말은 그가 직선적이고 갑작스러울 때가 있다는 뜻이다. 이

압딘궁전

집트인들은 그런 그를 아주 못마땅해 했다. 그런데, 만일 그가 더 세련되었더라면, 개인적으로는 더 많은 사랑을 받았을 것이나 그가 너무나 성공적으로 인수했던 업적을 이루어 내지 못했을 것이다.

나는 그가 한 일을 좋아하지 않는다. 그러나 그가 맡겨진 임무에 대해 영국이 선택할 수 있는 최선의 인물이라는 점을 공정하게 표현하고 싶다. 자신감이 적은 사람은 겁이 나서 현지의 권력과 협상하고, 크로머경이 협박을 통해 성취해낸 것에서 미봉책을 써서 실패했을 것이다. 그는 매일 아침 식사 후 반 시간씩 공부하고, 오후에는 베드민턴을 쳤다. 자신의 방에 있을 때는 담뱃대를 입에 물고, 이집트에 관해 세상에 다른 누구보다 더 재미있고 더 정확한 지식을 들려줄 수 있어서 당신

블랙 워치 엠블렘

의 존경을 받았을 것이다. 반면, 공사관에서, 혹은 이집트 총독 휘하의 각료나 총독 자신에게 조언을 할 때는 극도로 불손해지고 북극곰같이 저돌적으로 변하곤 했다. 최근의 이른바 '위기' 시에 그는 이집트 총독으로 하여금 24시간 안에 수상을 해고하도록 강요했다. 이때 그는 영국 외무부로부터 본국이 그를 지지한다는 연락을 받고 있었다. 그러니 한 손으로 몰타의 병력과 연계하고, 다른 손으로 아덴(예멘의 항구도시)에 있는 인도로 향하는 길에 '블랙 워치(Black Watch, 흑색 경비대: 영국 군대 내 스카치 인 분대)' 분대를 소환하여 카이로로 불러들인 다음, 사람들이 다 보는 가운데 해질녘까지 베드민턴 공을 날렸다. 이집트 총독에게 최후통첩을 보낸 직후 두 시간 동안 침착한 목소리로 '40, 좋고!' '40:15!'라고 소리칠 수 있고, 총독의 6천 명 병력의 궐기를 좌절시킨 사람이 궁극적으로 자신이 원하는 바를 달성하게 되는 것이고, 열여덟

살 난 아이(총독)는 그 적수가 되지 못했다.

내가 이미 이야기했듯이, 영국 신문은 여러 면에서 어린 이집트 총독을 잘못 묘사해 왔다. 무엇보다 그는 모양새나 태도, 생각에 있어 나이에 걸맞지 않게 더 성숙해있었다. 그가 영국인에게 뚱해 보인다 해도, 이상할 것이 없다. 영국인이 자신을 대하듯이 그 총독이 그들을 신실한 친구로 대하리라고는 기대할 수가 없었기 때문이다. 내가 카이로에 머물 때 총독이 압딘 궁정Abdine Palace에서 나에게 개인적으로 만날 기회를 주었는데, 그때 그가 말한 것, 그리고 그 옆에 있던 다른 사람들이 그에 대해 내게 말해 준 것으로부터 나는 영국인으로부터 들은 것과 판이하게 다른 그의 품성에 대해 알게 되었다.

내가 보기에 그는 아주 완고했는데, 그런 특성은 우리 대통령에게서 뚜렷하게 볼 수 있는 것이므로, 오로지 성공의 자질 가운데 하나로 간주될 수 있는 것이다. 영국인이 뚱한 것으로 묘사한 것은 아마도 총독의 그런 자질을 뜻하는 것이리라. 내가 가장 좋아한 점은 그가 휘하의 군대와 이집트인으로서의 자국민에 대한 긍지였다. 한 통치자가 그 자신의 것에 대해 진한 애착을 가지고 있어서 우연히 만난 이방인에게까지 그것을 표현한다는 것은 언제나 더할 나위없는 것이다. 이방인에게 그럴 정도라면 자신의 사람들에게는 얼마나 더 그 정도가 강할 것인가! 총독은 온화한 취향을 가졌고, 정원과 꽃, 자신의 농장에서 즐거움을 찾는다고 한다. 여러 가지 언어를 능숙하게 구사하고 — 터키 모자와 시종들을 제거한다면 — 옷과 모양새가 파리와 뉴욕의 23, 24세된 여느 젊은이와 같았다. 그를 잘 아는 각료들은 그가 고상한 정신을 가졌으며, 더 나이가 들고 경험이 쌓이면 자신과 그 민족을 위해서 더 확고한 권위를 갖게 될 그런 사람으로 평했다.

이집트 총독이 미국인에 관련하여 한 발언은 스톤 베이에서 훈련을 받은 이집트인 군대 장교들과 내란 종식 후 이집트 군에 입대한 다른 미군 장교들이 자신이 거느린 특수부대원 중 가장 훈련이 잘된 군인들로 생각한다는 것이었다. 이것은 지형도 작성 작업, 지도와 도면 제작이었다. 뿐만 아니라 전방에서 이집트 군대를 지휘하는 미국인들도 또한 존경을 받았다. 반면, 현재 군대내 전투부대를 구성하는 것은 영국인이다. 군대 안에 그들이 오기 전에 군대는 봉급을 받지 못했고, 장교들에 의해 학대받았으나, 지금은 개선되어 보병과 낙타 부대와 포병부대를 모집을 하는 데 아무 어려움이 없다.

이집트인들은 싸우는 것을 좋아했던 수단인들 만큼 그런 천부적인 전사들은 아니지만, 지도와 훈련을 받고 또 대우를 잘 받는 상태에서 과감한 지휘를 받는다면 대담하게 방어하고 공격할 수가 있음을 최근에 보여 주었다. 나는 제9기병대의 흑인들과 인디언들과 함께 괄목할만한 성과를 올린 우리 (미국인) 장교들 중의 일부를 차용하라고 이집트 총독에게 제안했다. 왜냐하면, 그렇게 하는 것이 장교들과 이집트 병사들 두 편에 모두 이득이 될 것으로 보였기 때문이다. 내 제안은 휘하 군대 소속 미국인들에 대한 총독의 관심을 환기하는 계기가 되었다. 그러나 실제로 영국인들은 자기 나라 이외에 다른 나라 국적의 장교들이 이집트 군대의 한 중대조차도 통제하는 것을 절대로 허용하지 않으려 한다. 이미 배속되어 있는 외국인을 쫓아내지는 못하지만, 앞으로 누가 들어올 것인지를 간섭하고 좋은 숙소는 죄다 동족으로 채운다. 그리고 영국인이 다른 이들보다 분명히 우선권을 가지고 있는 것이 하나 있다면, 그것은 '좋은 숙소'이다. 나는 많은 영국인 장교들이 월슬리 장군의 개인 참모로 안이하게 머무는 것보다는, 우리가 당연히 '전쟁'이라고 표현하거나 영국 장교들이 '쇼(볼거리)'라고 부르는 그런 것에 참여할 기회가 주어지는 곳에서 주둔하고 싶어 하는 것을 알고 있다. 그러나 다른 한편으로, 만일 내가 재물이 울타리에서 자라는 것으로 여겨지는 '아메리카 내의 좋은 숙소'를 바라서 내게 청탁해 온 하위 장교의 목록을 공개한다면, 런던에서 몰타에 이르기까지 군기의 반은 창피함으로 빛이 바랠 것이다.

이집트는 '좋은 숙소'로 가득하다. 영국인이 그것을 개선했으며, 그들이 그것을 정돈하기 전에는 형편이 없었던 것이 사실이다. 그러나 당신이 벼랑을 향해서 달려가는 마차를 인도적으로 정지시켰다해도, 그것을 소유해야 한다거나, 당신의 친지들로 그 안팎을 채워야 하는 권리는 없는 것이다. 이스마일이 파멸의 벼랑으로 몰고 가는 이집트인의 마차에 대해 영국이 대처한 것은 바로 이런 류의 것이다.

이집트 총독은 여전히 돈 궤짝 위에 앉아서 고삐를 쥐고 있으나, 크로머경이 그 옆에 앉아서 채찍을 들고 있다.

VI
근대 아테네

아테네, 그리고 그 주변의 섬과 산들이 갖는 가장 큰 매력은 아마도 수많은 멋진 사람들에 대한 추억으로 당신을 끌어들이는 힘 때문일 것이다. 그들의 괄목할 만한 행적에 대해 당신은 회의했을 것이고 그들의 존재 자체에 대해서도 의심을 가졌던 그런 사람들 말이다. 테세우스와 같은 젊은이에 대한 믿음을 상실하는 것은 아주 심각한 것이다. 그에 대한 당신의 감탄을 돌이키려는 목적만을 가진 것이라면, 테세우스가 미노타우로스를 죽였던 크레타 해안에서 순풍을 따라 배를 타고 가 볼 만하다. 유아원을 떠난 이후 더는 어른들로부터 이야기를 듣지 못하는 그런 다른 모든 이들을 여행을 통해서만이 기억해낼 수 있다고 확신한다면, 나는 북극으로 갈 수도 있다. 너른 바다, 해발 고도, 일식과 월식 등 비중 있는 그런 것들이 아니라 크리스마스가 되면 찾아오곤 했으나 학교를 떠난 이후 더는 오지 않는 저 멋지고 친절한 신사와

아프로디테(비너스)에게 구애하는 목양의 신판

그 장난감 창고와 순록을 찾아가는 것이다. 님프(요정)의 언덕, 뜨거운 한낮이면 판(牧神: 목양의 신)이 낮잠을 자곤 하던 바로 그 동굴을 보고, 또 네 개의 길이 만난 십자로와 잔인한 발톱과 알 수 없는 미소를 띠고는 오이디푸스를 기다리며 스핑크스가 앉아 있던 으슥한 길을 보기 위해 그리스를 두루 여행하는 것은 정말 뜻있는 일이다.

모든 어린이들에게 큰 슬픔과 불만을 안겨준 것이 틀림없는 이야기는 테세우스의 아버지가 어떻게 자살하게 되었는가 하는 것이다. 테세우스가 승리하여 배를 타고 돌아올 때 자신이 구한 아리따운 아테네의 소녀들과 즐기는 데 너무 열중하여 흰돛을 갈아 다는 일도 잊어버

아테네 아크로폴리스 북쪽 디오니소스 극장터

리는 바람에 그 아버지는 절망에 빠져 높은 바위에서 몸을 던져버린 것이었다.

이 이야기는 내게 역사 사건 가운데 가장 슬픈 것으로 여겨졌다. 그런데 시간이 가면서 그 아버지에 대한 내 동정과 테세우스에 대한 분노가 사라져버리고, 둘 다 잊어버리게 되었다. 그러나 검은 돛을 단 배가 만으로 들어오던 모습이 처음 보이던 곳을 사람들이 일러주고 또 사람들이 테세우스를 기다리고 그 아버지가 몸을 던진 바위에 서게 되면, 당신은 몽당바지를 입고 처음 그 이야기를 들었을 때처럼 가슴이 아파 허무한 결말에 강한 전율을 느끼게 된다. 그 이야기는 너무 슬퍼서 실제로 일어난 일 같지 않다.

그리스인은 신과 인간의 이야기를 너무나 재미있게 엮는 방법을 알고 있었으므로, 아테네를 찾는 상상력 풍부한 사람은 감사한 마음으로 눈을 크게 뜨고 켄타우로스(인마족)가 은거했고 데모스테네스가 '필리포스(기원전 4세기말 마케도니아의 왕)에 대하여'를 연설하던 바위를 응시하고 있는 것을 스스로 발견하게 된다. 이는 마치 리조가 살해된 에딘버러의 방보다 뉴컴 대령이 마지막으로 '예 (여기 있습니다)'라고 대답했던 런던 '카르투지오 수도회 학교Charterhouse'의 방이 훨씬 더 현실적이고, 또 워털루의 온 들판보다 샤토 디프(마르세이유 해안 섬의 요새, 감옥) 기슭에서 몬테 크리스토가 등장하는 바위가 훨씬 더 생생한 것과 같다. 어느 것이 실제이고 어느 것이 재미있는 신화인지 깨닫기는 어렵다. 그러나 그리스에서는 그때 이래 거의 변화가 없었으므로, 당신은 적어도 요즈음 세상의 존슨 박사와 조나단 스위프트를 접하는 것보다 알키비아데스와 페리클레스에 더 익숙하다. 당신은 그럽가街[Grub Street: 지금은 사라졌으나 한때 런던의 가난한 작가촌]와 '채무자의 감옥'을 부활시킬 수는 없으나, 에우보이아는 여전히 "마라톤을, 마라톤은 바다를 굽어보고 있고," 또 당신이 호탕하다면 데모스테네스가 연설한 바위 언덕을 보란듯이 오르내리거나, 디오니소스 극장의 한 대리석 좌석에 앉아서 소포클레스의 희극을 관람하는 품위 있는 한 아테네 시민인 듯 시늉을 내볼 수도 있다.

지중해 연안 증기선의 기름때 묻은 식탁보를 본 다음 아마포와 은색의 다마스쿠스 식탁보를 만지는 것처럼, 카이로의 좁은 골목과 먼지투성이 가로의 소음과 불결함을 본 후 조용하고 산뜻한 근대 아테네의

아테네 시내 모나스티라키 부근의 조그만 파라스케비 정교회(사유물이라 평소에는 문이 잠겨져있다.)

청결함이 당신에게 다가오게 된다. 그것은 조용하고 화사하며 잘 가꾸어진 것이다. 당신은 당나귀를 끄는 사막 안내자 무리를 간신히 헤치고 나가거나, 안내자와 거지 떼들로 인해 갈 길이 지체되는 일도 없다. 아테네는 수채색의 어여쁜 도시이다. 집들은 밝은 노랑색이며, 창 덧문은 푸른물색. 타일 지붕은 우아한 붉은색이다. 저 하늘은 푸른색이나 보통 사람들에게는 잘 보이지 않고, 다른 시각을 가지고 숨은 것을 찾아내어 바탕으로 쓰는 화가와 시인들의 눈에 보이는 것이다. 아테네는 참으로 새로운 도시로서, 새 거리와 새 공공건물과 새 왕과 새 궁전들이 있다. 그것은 마치 하나의 작은 축소판 같다. 주로 장교들로 구성된 소수의 군대, 작은 내각, 아름다운 작은 대학이 있고, 모든 이가 다른 모든 이를 알고 있다. 왕과 여왕이 나들이 할 때면 경비병들이 나타나 나팔을 불고, 그러면 항시 궁전 광장 카페에 앉아있던 온 아테네인이 고개를 끄덕이며 말한다. "여왕이 나들이 하려나 보다", 혹은 "여왕이 오늘은 일찍 돌아오나 보다." 그리고는 여전히 칼을 철거덩거리거나, 콧수염을 쓸고, 커피를 마신다. 근대 아테네는 프랑크식 복장과 사고방식을 가지고 있다. 남자들은 그런 복장을 하고, 여자

아테네 국회의사당 뜰에 있는 엘레브테리오스 베니젤로스(19세기말~20세기초, 그리스를 근대화 한 정치가) 조각상

들은 '피가로'에 나오는 프랑스 여인들처럼 작은 평평한 고수머리에다 높은 모자에 높은 굽의 신을 신는다.

그리스의 민족의상은 알바니아에서 유래한 것이나, 공식적 자리보다는 하류층에서 더 많은 사랑을 받는 것이다. 모든 민족의 의상처럼, 그것은 정치적 연고나 카메라 앞에 설 때를 제외하고는 하층민과 세 개 군단이 입을 뿐이다. 당신은 거리에서 그런 복장을 볼 수 있지만, 도해판에 나오는 아테네의 모습, 상점 창에 붙은 사진들을 통해 연상할 수 있는 것같이 보편적인 것은 아니다. 그것은 아주 특별한 복장이며, 초

아테네 전통 여성 복장(아테나 베나커스 박물관)

국회의사당(불리) 정면에서 근무하는 근위병. 짧은 치마와 흰타이즈를 하고 있다.

기 그리스인들의 길게 늘어진 옷과 짧은 치마와는 아주 다른 것으로 주름 잡힌 페티코트(속에 입는 치마), 무거운 흰 타이츠(몸에 꽉 끼는 옷), 주아브(원래 알제리인으로 구성된 프랑스 보병) 재킷(상의)을 입은 남자들의 모습에 틀림없을 것이다. 시골에서 아직도 이런 복장이 남아 있으며 농부와 소농, 그들의 아내, 그리고 시내 거리에서 멋있는 복장의 예를 제공하는 것은 병사들이다.

이해하기 어려운 문제는 세상에 많은 민족들의 복장 가운데서 고르고 골라서, 사람들이 이방의, 그러니까 우리들 프랑크인들의 것을 선택

아테네 아크로폴리스 북동쪽 성벽

했을까 하는 점이다. 스페인에서는 시골에서도 소농들이 자신의 몽당 바지와 짧은 재킷을 버리고 긴 바지, 잘 맞지 않는 프랑스식 '스웨터' 기성복을 채택하고, 또 무어인들은 맨체스터에서 온 외투로 겉을 두르며, 아랍, 중국, 스위스, 터키인들은 편안하게 어울리는 보기 좋은 옷을 버리고 매우 추하고 불편해 보이는 근대식 복장을 취했는데, 그것은 보통 사람들 혹은 재단사에 의해 만들어진 민속 복장 가운데 가장 보기 싫고 가장 불편한 것이다. 군대 장교들의 제복과 아테네 여인들의 옷을 보고 판단한다면, 당신은 프랑스에서 프랑스 사람들 사이에 있는 것 같은 생각이 들 것이다. 한탄스러운 것은 모든 도시 가운데 아테네가 이탈리아식 빌라로 건축되고, 프랑스인을 흉내 낸 사람들이 살고 뎀마

아테네 아크로폴리스 북쪽 중턱에 있는 작은 사당들

크왕(옮긴이 주: 사실은 독일의 바이에른에서 왔음)에 의해 통치된다는 사실이다. 더구나 그들은 50년 전 자치를 하려고 노력했으나 뜻을 이루지 못했다. 그리스인들, 심지어 아테네인들까지도 큰 바위와 그것을 장식하고 있는 기념비들에 어울리게 살기를 바라는 것은 과도한 욕심일 수도 있고, 그리스인도 유럽에 산재한 다른 작은 왕국 혹은 공국들의 사람들처럼 괜찮은 것이 확실하다. 그러나 다른 왕국과 공국들은 자신의 것으로 내세울 만한 역사도 없고 우러러볼 아크로폴리스도 없다.

지브롤터 암벽이 스페인의 일부인 것처럼 아크로폴리스 바위는 근대 그리스의 일부이다. 지리적으로 그러하다는 것인데, 사실 그것은 본토인들 만큼 관광객들에게도 속하는 것으로, 본토인은 아크로폴리스

아테네 구舊 국회의사당(스타디우가街)

로부터 영감을 거의 얻어내지 못하고 또 그것은 그 조상들을 반신半神으로 승화시킨 그런 자질들을 오늘날 그리스인에게서 끌어내도록 하지 못하는 것이다. 나는 보통 지능은 된다고 생각하지만, 현재로서 조각가, 예술가, 군인, 희극과 풍자극 작가, 정치가는 물론 고고학자에 있어서도 최근 백년동안 세계적 명성을 얻은 사람을 알지 못한다. 그리스 사가들, 그 비밀의 해설자, 가장 유명한 발굴인들은 타국인이었다. (오늘날) 그리스인들은 많은 영웅들을 가지고 있어서, 당신은 가게 창에서 그들의 초상 혹은 사진들을 보게 된다. 그러나 이들에 대해서는 당신이 잘 알지 못한다. 당신이 아는 것은 세상이 달라졌음을 한탄하는 이들, 그리고 그 명성이 다른 세계(미주대륙 [역자주])가 발견된 다음에도 계속되는 그런 예전 그리스인들의 얼굴과 역사들이다. 그리스의 한 젊은이가 아침에 일어나서 하늘을 배경으로 서 있는 아크로폴리스를 보면서 스스로 이렇게 말한다고 생각해보자. "오늘은 내가 그같이 (예전 사람들처럼) 뜻 있는 일을 해보자." 그가 여러번 그런 말을 하고 자신이 보고 있는 요새와 신전에 어울리도록 살아보려고 한다면, 작은 세계에서 영광을 누렸을 때처럼 그리스를 지금 세상에서 그렇게 만드는 데 일조할 수 있을 것이다. 그리스가 자꾸만 왜소해지는 것은 세상이 커져서 그리스를 경쟁의 도가니로 몰아넣기 때문이 아니다. 세상이 위도와 경도로 넓어졌으나 프락시텔레스와 같이 또 다른 헤르메스의 조각을 만들어 내지 못하기 때문이다. 프락시텔레스 이후 세 개 대륙이 더해졌으나 지금 세상은 '비상하는 승리의 여신'의 대리석 조각에도 또 에레크테이온 입구에 새겨진 조각에도 필적하지 못했다.

그러나 그리스 땅에 사는 한, 그리스인은 조상의 전통을 모방하려고 노력해 왔다. 그는 죠지왕이 발굴한 고대 경기장에서 올림픽 경기를 열고, 승자가 되면 왕의 손에서 야생 올리브관을 받는다. 또 옛 시장이 있는 곳에 새 시장을 지으며, 아스클레피오스 병원이 있는 곳에서 아주 가까운 곳에 새 육군병원을 만든다. 그렇지만, 그는 아리스티데스가 공명정대한 사람이라 불리는 것에 싫증이 나서 그에게 조가비 표(옮긴이 주: 도편陶片추방을 말함)를 던져 추방하는 그런 시민을 시장에 복원할 수는 없다. 또 그가 하는 경기나 그 병원은 영원한 전형이 되는 그런 완벽한 체구와 윤곽의 건강했던 옛사람을 되돌릴 수가 없는 것이다. 그래도 그는 그리스어를 사용하며, 그런 사실이 그에게 큰 긍지를 안겨준

아테네 아크로폴리스 중턱 아크로폴리스 주변을 둘러싼 북쪽 길

다. 그리스어는 참 어렵게 배운 다음 곧 잊어버리게 되는 그런 언어이기 때문이다. 그는 거리의 이름을 그리스어로 내걸어 두기까지 해서, 숙소로 가는 길을 찾으려고 헷갈려하는 여행객을 시시콜콜한 현학자로 만든다. 또 그리스인은 같은 언어로 일간지를 발행한다. 이런 것은 아마도 약간 문제가 될 수도 있는 것인데, 당신이 파나마 사건을 읽은 것인지 마라톤 전투에 관한 재판을 읽은 것인지 애매한 지경으로 몰아넣기 때문이다.

그리스 은행가인 바론 시나는 최고의 공공정신과 애국적 관대함과 취향을 가져서, 자비로 대학 건물을 지어 시에 기부했다. 그 건물들은 여러 면에서 아크로폴리스의 여러 신전을 축소판으로 재생한 것이었다. 공과대학교는 파르테논 정면을 거의 그대로 모방한 것이다. 이 글에

공과대학교

는 공과대학교 사진을 실었으나, 파르테논 신전의 근대적 재현이 가진 아름다움을 전하지는 못한다. 선과 크기가 같고, 색깔과 도금에 있어서도 원래 파르테논 같은 모양새를 지닌다. 또 대리석 위에 칠한 화려한 붉은색, 아름다운 푸른색, 금색, 검정색은 대리석의 순수함과 어울려 천박함이 아니라 더 우아해 보인다는 사실을 당신이 처음으로 깨닫도록 한다. 사랑을 갖고 가르치며, 하이드 공원Hyde Park에 있는 콘소르트 공Prince Consort을 위한 대리석과 금으로 된 기념비가 조야하고 형편없는 것이라면, 공과대학교는 멋지고 아주 화사하게 아름다운 건물이다. 이 축소 복사판, 파르테논을 실용화한 모델은 그 자체로 사람에게 감명을 주는 것이라면, 파르테논은 금박이 벗겨져 칙칙한 갈색이 되고 그 색채와 음각은 박공(페디먼트)으로부터 제거된 채

의술의 신 아스클레피오스

아테네 시가지 오래된 아파트의 모습들

허물어져 버렸다고 해도 그 박력과 순수함이 얼마나 강한지 하는 점을 알게 된다. 나는 그것을 묘사하려 엄두를 내지 않을 것이다.

훨씬 덜 중요한 유적을 방문하는 여행객에 많은데 비해 아테네를 방문하는 여행객은 아주 적다. 수천 명이 로마로 가서 콜로세움을 보고 이집트로 가서 나일강을 따라 거대하고 거친 신전의 층계로 된 벽을 보며, 더 많은 사람들이 영국 주교좌가 있는 마을을 돌아본다. 그러나 아테네에서는 안내자를 발견하기조차 힘들다.[30] 내가 생각하기로, 전체 도시(아테네)에 6명(반 타스)을 넘지 않을 것이라서, 당신이 원하기만

30) 옮긴이 주: 이 책이 발간된 때가 지금부터 100년 전이었으므로 그런 상태였으나, 지금은 아테네 및 그리스 전체가 관광의 중심이 되어 있음.

아테네 아크로폴리스에서 본 남서쪽의 정경. 가까이 고대의 헤로데스 오데이온(극장) 유적이 있고 멀리 오른쪽으로 필로파푸 언덕이 보인다.

한다면 아크로폴리스는 당신의 것이 될 수 있고, 또 그 기슭을 가장 먼저 오른 것처럼 혼자 있는 경우가 잦을 것이다. 내가 이런 말을 하는 것은 이 유적이 소홀하게 취급받는다든지, 유물 도굴꾼들이 그곳에 괭이질을 하여 그 공예품의 조각들이나 파르테논을 파괴한 터키 대포들의 파편들을 집어 나올 수 있다는 의미가 아니고, 그 경비원이 대리석과 떨어져나간 기둥의 몸체가 늘어져 있는 이곳을, 지난날 생활의 현장을 찾는 아테네 시민의 혼령같이, 당신이 마음대로 들락거릴 수 있도록 내버려둔다는 뜻이다.

이 위대한 바람맞이 바위, 당신의 시야와 같은 수준의 눈 덮인 산들로 둘러싸인 곳, 그리고 거대한 신전들이 당신 위로 솟아 있거나 발밑에 늘어져 있어도 그 자체로서 경이로운 이곳 꼭대기를 거닐면서 당신이 얻는 환희의 반은 그런 것들을 혼자서 본다는 것, 꼭두각시 같은 안내자의 달변이 당신을 방해하지도 않고 경비원의 깔보는 듯한 분위기가 감흥을 깨는 일이 없다는 사실에서 온다. 터키색 - 청록 - 의 큰 만과 넓은 들, 선인장 가지, 저 아랫편 검은 올리브 나무숲은 근대의 변혁에 오염되지 않고, 언덕들은 사포가 살던 시절과 같이 변함없이 양과 목동들로 점섬이 널혀 있다.

머리를 들면 상아색 기둥 사이로 푸른 하늘이 보이고, 저 아래로 가파른 발가벗은 바위, 혹은 다른 쪽으로 벨벳 (우단) 같은 이끼로 덮이고 데이지(프랑스 국화)와 바이올렛(제비꽃 속) 융단이 깔린 반원의 대리석 좌석이 있으며, 노란 도시와 그 붉은 지붕, 짙은 초록의 정원이 끝나는 곳 저편으로는 바다가 시작되는 곳까지 초록의 평원이 펼쳐지거나, 아니면 히메토스산 혹은 펜텔리코스산이 가로막고 있으며, 그 너머 마라톤 평야가 놓여 있다. 바위 모서리에 앉아서 당신은 저 아래 극장으로 뽐내며 들어서는 배우를, 놀라움과 공포를 말없이 표현해 내는 무창단(코러스)들을 상상하거나, 혹은 반원(극장)을 채운 채 배우의 가면을 통해 들려오는 연극의 대사를 하나도 놓치지 않으려고 앞으로 몸을 내민 사람들의 굽은 어깨와 머리를 보게 되곤 한다.

아무리 멀어도 소리는 둔탁하게 다가온다. 그것은 여름날에 큰 소리로 책을 읽든가, 플라톤이 강론하던 계곡에서 양들이 우는 소리, 염소의 방울소리, 1/4마일(약 400미터) 떨어진 프닉스에서 연을 날리는 아이들의 웃음소리 같은 것들이다. 소리가 들리는 곳 너머에는 태양 아래 파도가 이는 에게해가 있다. 그곳엔 새싹 가지 같은 삼각의 돛, 소요한 수면 위로 흰 분필 선을 뒤로 남기며 달려가는 큰 배가 있다. 그런 시간 이곳에서는 모든 것이 가능하다. 당신은 히메토스산 벌꿀의 소리를 들을 수도 있으며, 앨리스가 흰 토끼가 다가오는 것을 보고 있듯이 조용하게 켄타우로스가 다가오는 것을 느낄 수도 있다. 당신은 님프(요정)와 사티로스(희극 풍자의 신)의 존재를 믿는다. 그들은 그곳 동굴, 파르네스(파르나소스) 언덕 기슭에 짙어서 검은색에 가까운 초록의 숲에 거처를 가지고 있다. 또 당신은 감히 이런 것들에 대해 회의하고 저 발밑 바위에 서서 그런 것들이 많은 점에서 너무 미신적이라고 아테네인들을 향해 말했던 용감한 성자 바울을 사랑한다. 그것은 판아테나이아(범아테나) 제전 행렬이 '성스러운 길'을 따라서 엘레우시스 비의秘義가 거행되는 곳으로 움직일 때 마차의 바퀴가 미끄러지는 것을 막기 위해 아크로폴리스 언덕 바위 위에 파놓은 가로대를 본 적이 있으며, 에레크테이온의 카리아티데스상(기둥으로 쓰인 여인 입상)을 올려다보고 또 당분간 잃어버린 당신 자신의 일부처럼 엘긴 대리석을 되돌려 받기를 원한 적이 있음을 뜻한다. 나폴레옹은 밀로스섬의 비너스를 훔쳐서는 모든 이가 조만간에 볼 수 있도록 루브르에 가져다 놓았다. 만일 운이 좋으면 자신이 죽을 때 파리로 갈 것이고, 운이 다해도 생전에 그곳으로 갈 수 있을 것이라고 믿었기 때문이다. 그러나 '누가' 대영박물관에 간 적이 있을까? 사람들은 대번에 펜톤빌 감옥을 방문하는 것이라고 생각하게 될 것이다. 그리고 그을음에 더럽혀진 창문과 잿빛 런던의 안개 아래서 대리석이 어떻게 보이겠는가? 그 대리석을 익히 보아왔고 사랑하는 부드러운 하늘을 배경으로 적당한 높이의 상아같이 드러나 있는 것을 원하지 않는 소수의 사람들처럼 엘긴경도 그랬던 것일까? 영국인

아테네 아크로폴리스 성벽의 틈 사이로 보이는 아테네 시가지

이 엘긴 대리석을 그리스에 돌려주고, 지브롤터 암벽을 스페인에, 그리고 코이누르 다이아몬드를 인도에, 이집트를 이집트인들에게 돌려줄 때, 그들은 자긍심을 가지게 되고, 여느 사람처럼 고개를 높이 들 수 있을 것이다.

나는 그리스왕이 자신이 생각하는 것보다 훨씬 더 막중한 책임을 가지고 있다는 생각을 하지 않을 수가 없다. 다른 왕들은 그 국경만 지키면 된다. 그러나 그리스왕은 국경 뿐 아니라 하늘의 선(윤곽)에도 신경을 써야 한다. 님프 언덕의 전망대같이 그런 것이 또 하나 생기는 것은 고상한 미관을 해치며 아테네의 하늘을 흉하게 만들 것이다. 피래우스를 뒤덮은 높은 굴뚝은 배의 돛대 반 만큼이라도 보기에 괜찮은 것이 아니다. 아크로폴리스에 대한 관리는 너무나 소홀하다. 그리스의 왕과 왕비와 함께 초청되어 와서 신민들에 의해 사랑받는 것처럼 만일 나머지 세계 사람들에 의해서도 친절한 사람으로 기억되기를 원한다면, 스스로의 관할 하에 있는 보물들을 잘 지키고 신성의 언덕에 있는 관측소를 없애버리며, 아크로폴리스에서 이루어지는 관광을 지속적으로 제한함으로써 문명 세계의 찬사를 받도록 해야 할 것이다.

VII
콘스탄티노플

조그만 이탈리아 증기선이 조심스레 피래우스를 빠져나올 때, 만灣의 바닷물은 칠흑같이 검고, 부두는 밤의 검은 장막 앞에서 일련의 풋라이트(아래에서 미치는 무대 조명) 처럼 보였다. 증기선이 H.M.S. 콜로수스(영국 왕실함대)의 닻의 사슬을 스칠 때, 그 전함의 넓고 흰 갑판은 부두(잔교)처럼 육중하고 단단하게 수면과 평형을 이루었다. 콜로수스 함은 만의 밑바닥에서 철로 된 섬처럼 솟아난 것 같았다. 우리가 전사가 비추는 번득이는 전광등 아래를 지나올 때, 전함의 선원들은 갑판처럼 넓고 든든하고 깨끗한 모습으로 파이프에서 고개를 들었고, 저 위쪽 뱃머리 쪽에서 둔중한 고동소리가 들려왔다. 그 소리는 1/4마일 떨어진 곳에서 들리는 것 같았다. 우리는 나지막한 갑판에 그리스인, 알바니아인, 터키인들로 가득하고, 키르카시아(카프카스 산맥 북부의 흑해에 면한 지방.)의 보호막 앞 딱딱한 판자 위에 탄약통들처럼 서로 붙은 채

누워 있었다. 그들은 매우 불결하면서도 너무 준수한 모습으로, 세련된 작고 검은 흑색 비단의 필박스 모자(위가 납작하고 테 없는 여자용 모자)에다 붉은색과 금색으로 된 꼭대기에 수로 박은 H.I.라고 머리글자를 달고 있었다. 캔버스(천막) 천으로 된 짧은 바지는 축구 선수처럼 누추해서 너덕너덕 깁고 진흙이 묻은 채였으며, 소매 없는 재킷과 붉은색과 금색의 두 겹으로 된 조끼는 그들이 모진 고난을 겪은 군인의 제복처럼 보이도록 했다. 그리스 정교회의 신부들은 긴 머리와 검은색의 헐렁한 옷을 입고, 윗부분에 테를 두른 난로 연통 같은 모자를 쓰고는 2등 객실 협소한 공간을 돌아다녔고, 붉은색 관광 안내서를 가진 독일인과 많은 매달(공로패)을 단 무례한 이탈리아 선원들은 중심 갑판을 쿵쿵 활보하면서, 바다에 떠올랐다가 우리가 스쳐 지나가면 시야에서 사라지는 어둑한 섬들의 이름을 알려주었다.

아침이 될 무렵 섬들은 다 사라지고 우리는 벼랑처럼 그렇게 가파른 것은 아니지만 그보다 더 높은 둑들 사이에 들어선다. 조그만 관목이 전면에 나란히 열을 지어 서 있고, 그 기슭으로 진흙 막사와 초가지붕으로 된 진흙 요새에는 튀어나온 바위마다 작은 대포가 우리를 겨냥하고 있었다. 거리가 너무 가까워서 우리는 높은 언덕의 노출면을 돌로 맞힐 수 있을 지경이었다. 이런 것들이 다다넬스로서, 마르마라해와 지중해 사이에서 지중해의 군단으로부터 콘스탄티노플을 보호하기 위해 만들어진 천혜의 제방들이다. 우리는 몇 시간 동안 이 제방들 사이, 혹은 한 쪽에 루멜리아의 높은 둑이 있고, 다른 쪽에 한때 트로이가 있었던 아시아쪽 낮은 구릉들이 이어진 땅 사이를 지나간다. 마침내 해질 무렵이 되면 우리는 '아시아의 성'과 '유럽의 성' 사이, '바다의 자물쇠'인 다다넬스 해협의 가장 좁은 곳에 들어선다. 그 자물쇠 바다의 열쇠는 지브롤터이다. 그 밤에 우리는 마르마라해를 지나서 해 뜰 무렵이면 콘스탄티노플에 닿는다.

콘스탄티노플은 그 이름이 아주 길고 또 카이로 혹은 로마에서 겨울을 난 사람들, 혹은 비엔나에서 한 계절을 지나거나 베를린에서 음악수업을 듣거나 한 사람들에 비해 당신이 아는 사람들 중 이곳을 방문한 사람들은 너무 드물어서, 당신은 경이와 기대에 찬 마음으로 그곳으로 접근해가게 된다. 내가 기대했던 것은 오스만 제국의 심장부가 겉으로 보기에 금빛 돔과 미나렛, 보스포로스의 춤추는 파도 위로 솟아난 채색된 전면을 갖춘 주택들의 단지, 푸른 나무의 정원 사이에 크고 흰 궁전들이 열을 서 있는 제방으로 이루어진 화려한 도시일 것이다. 뉴욕시와 보스톤에는 콘스탄티노플보다 더 많은 금박의 돔이 있다. 뉴욕에 세 개가 있다. 또 보스톤에는 주 의회 의사당이 있는데 이것은 찰스강이 잿빛 얼음으로 덮이고, 정말 멋이 있게 지는 해가 크고 노란 돔을 비추는 것을 강 건너 새 다리에서 볼 수 있다. 그러나 콘스탄티노플은 온통 회색과 잿빛이다. 보스포로스를 따라 놓인 궁전들은 화려한 흰 스투코(치장벽토)이고, 이 도시를 개성있게 하는 큰 거북이 같은 모스크는 흐릿한 흰색이다. 터키인의 구역에 있는 집들은 한층 더 칙칙해서 독특한 검은 나무 재료에다 오랜 나무 요새같이 지어져서, 우리 고조할아버지들이 인도에서 피난 와서 살았던 곳같이, 돌출한 층을 가진 사각의 건물에서는 아래에 있는 적에게 총을 쏠 수도 있을 것 같다. 터키 가옥의 돌출한 발코니는 후궁들이 행인을 바라볼 수 있도록 하는 대수롭지 않은 목적으로 만들어진 것이다.

콘스탄티노플은 쾌청한 날씨의 도시이며, 해와 푸른 하늘과 그 주변의 수상생활을 수반하며, 이런 것들이 도시를 독특하게 한다. 겨울에는 여름 달의 요트 타는 즐거움, 흰 제복을 입은 수천 명의 사공, 배와 증기선의 갑판 천막과 깃발의 화사한 장식들이 없다. 그러나 콘스탄티노플을 둘러싼 바다는 번창하며, 배터리(뉴욕시 맨하탄 섬에 있는 공원)나 테임즈 강변 둑 아래 있는 강보다 더 충일充溢하고 번잡하고 명랑하다. 그리고 세상에서 (런던 다리를 빼놓고는) 어떤 다리보다 일일 통행량이 많은 그 넓은 나무다리에 서서 동방 모든 민족의 행렬을 볼 수 있다.

콘스탄티노플은 동방의 모든 도시들이 그럴 것이라고 상상할 수 있는 것보다 훨씬 더 구식이다. 그것은 모종의 자치구역 같은 것이 없는 도시 같아서, 당신이 자치 궁전이라는 소인을 부착한 건물을 볼 때면 마치 북극에서 보증인 사무실을 발견할 때와 같은 놀라움을 느낄 것이다. 콘스탄티노플은 내가 들러본 곳 가운데 가장 구식이다. 술탄, 그리고 그가 수장으로 있는 사람들의 종교, 군대와 관련된 모든 것에서 그에 어울리는 예절은 엄격하고도 인상적인 것으로 준수되어야 하는 것이다. 그러나 지역 민중에 관련해서는 아무런 관심도 책임도 없는 것 같이 보인다. 술탄이 행사하는 것 같은 그런 절대적 권력은 차르(러시아 황제)나 젊은 황제를 불문하고 유럽에는 없다. 그리고 신자들의 모스크는 보존, 장식되고 있으며, 많은 개화된 사람들이 다니는 많은 교회보다 더 큰 존경을 받는다. 군대는 당신이 그로부터 달아나려하기보다 오히려 그들을 인도하고 싶을 정도로 인상적이다. 그러나 콘스탄티노플에 사는 사람들의 편의는 거의 무시되고 있다. 가장 거대한 사원이 이미 들어서 있는 그런 한 도시에 있는 모스크 건물과 그것을 당신 자신

콘스탄티노플(이스탄불)의 소방대

의 이름을 따서 부르는 그러한 것이 공공정신에서 나온 것이라고 하지 않는다면, 공공정신이라고 우리가 표현하는 그런 것은 볼 수가 없다. 콘스탄티노플을 갈 때는 전기불이나 아스팔트 도로를 보러 가는 것이 아니고, 또 빈자의 비율을 계산하려는 것도 아니다. 그러나 많은 점에서 세계와 그렇게 가까운 사람들이 다른 점에서는 세상에서 그렇게 단절되어 있다는 것은 흥미롭다. 내가 콘스탄티노플에 살아야 하는 것이 아니라면, 그 모스크 만큼이나 자치 정신의 부족함을 이 도시의 한 특징으로 여기게 될 것이다.

한 예로 콘스탄티노플은 베를린이나 비엔나처럼 많은 인구를 가진 도시이고, 당신은 그 소방서를 이 장章에 실려 있는 그림에서 볼 수 있다. 당신 스스로 깨달을 수 있듯이, 그들은 아주 준수하다. 그러나 그들이 불을 끄러 가면 그 재산을 구하기 전에 건물 주인과 협상을 한다. 오스만 제국 수도의 큰 소방 전망대는 갈라타에 있는데, 거기서 보초가 망원경으로 도시를 감시해서 불꽃이 올라오는 지붕이 보이면 그들 중 한 사람이 탑을 재빨리 내려와서 울퉁불퉁한 길을 달려가면서 집에 불이 난 사실과 불난 집이 있다고 생각되는 곳을 알린다. 그가 만나는 경비병들은 저마다 복창을 하고, 불난 집이 3마일(약 5킬로미터)을 떨어져 있어도 또 그것이 다 소진되고 다시 지어 올려질 때까지도, 또는 그 경비원이 오랜 복무 끝에 퇴임하여 연금을 받을 때까지도 계속 집이 타고 있는 사실을 알리고 다니는 것이다. 이들 아마추어(전문직이 아닌 것) 소방관 외에 진짜 소방대가 두 개 있으나, 이들이 하는 일이란 인구 88만 명의 이 도시에서 거의 미미하다.

밤에 콘스탄티노플을 지키는 경찰도 같은 수준으로 구식이다. 그들은 5피트(약 1.5미터)에 사람 손목 굵기만큼 한 무거운 몽둥이를 들고 다니면서, 이것으로 거리의 돌을 두들겨서 자신이 충실하게 임무를 수행하며 자지 않고 집 문들을 지키고 있음을 사람들에게 각인시킨다. 그 때문에 아무도 잠을 못 자고 나쁜 짓을 하려는 사람들은 야경 경비원이 정확하게 어디에 있는지를 알고는 그들을 피해간다. 내 창 아래 있는 경비원은, 침대차에서 첫 번째 여행을 하는 신사가 자신이 잠을 못자면 다른 누구도 잠들어서는 안 된다고 선언한다는 사실을 알고 행동하는 것 같고, 또 그와 같이 한다.

내가 아는 한, 동양인은 다른 어떤 것에서도 소음을 내는 것만큼 즐거움을 느끼지 못한다. 과민한 사람이 하나도 없다는 것은 아주 신기하다. 그들은 고함을 치지 않고는 말을 할 수 없으며, 고통에 쌓여있다는 사실, 또 긴급 구조되지 않으면 자신이 죽을 것이고 그러면 그것은 당신 잘못이라는 사실을 빼고는 떠들지 못하는 사람들이다. 거리에서 빵, 과일, 물고기, 구슬 등 그 무엇이건 파는 사람들은 고함을 친다기보다는 울부짖거나, 날카롭고 번민에 찬 비명, 고성의 코로 나오는 격한 소리로 애원한다. 그들은 절대로 '이동하지 않는다.' 그들은 언제나 당신의 창 밑이나 거리 모퉁이에 있고, 모두들 한꺼번에 고함을 쳐대므로, 그들에 대해 태무심한 사람은 아무도 없다. 그들은 가로등 기둥이거나 미나렛 같아서 모든 이의 관심을 끈다. 콘스탄티노플에서 병들어 몸져누워서 거리의 아우성, 전차 앞을 달리는 사람들의 주석(싸구려) 호각 소리 — 이 소리는 당신이 전차의 속도까지도 가늠하도록 해 준다 — 거리를 배회하는 수천 마리 개들의 으르렁거림과 짖는 소리를 듣는 것만큼 기막힌 운명이나 고문은 없다고 나는 생각한다.

콘스탄티노플에는 다른 여느 도시에서는 볼 수 없는 아주 흥미로운 서너 가지의 행사들과 많은 명승지가 있다. 이런 것들과 저잣거리의 볼거리들을 빼면, 동양인 자신들에게조차 자신이 사는 곳의 산과 평야, 자기 마을보다 더 좋다고 여길 만한 것들이 도시 자체에는 없다. 콘스탄티노플은 그 주민들을 두고 말할 때 변화가 없다. 계산적인 당신 친구나 가장 연로한 외교단원, 혹은 가장 연로한 주민이 당신에게 프랑크인(서유럽인)이 카이로에서, 혹은 대로와 고전이 서로 묘하게 조합된 귀엽고 작은 아테네에서 오래 살 수 있으나 콘스탄티노플에는 왜 사는지 모르겠다는 말을 하기 전에, 이미 콘스탄티노플은 당신에게 낙후하다는 인상을 준다. 여성들이 없는 곳에는 궁정(저택 혹은 그 뜰)도 없다. 그리고 소수의 부유한 그리스인 거주자와 그보다 더 소수의 파샤(터키인 고관)와 외교관들이 이곳 도시의 사교계를 구성한다. 이들 터키인들도 쾌활함과는 거리가 먼 것이, 그 외교관들은 모두 독신남, 과부들, 병약한 아내를 둔 남편들이기 때문이다. 그래서 아주 감칠맛 나는 오락을 위한 사교 클럽이 생겨났다. 눈과 비가 세 개 언덕을 온통 뒤덮고, 갈라타의 외로운 길에 진창눈과 진흙으로 발이 빠지고, 중국제 난로가 바람이 온통 새는 방안에 촛불같은 미열을 내는 겨울이 오면, 나는 오스만 제국의 이 수도보다 더 못한 곳을 거의 생각해 낼 수가 없다. 겨울에만 그렇다는 말이다. 내가 말했듯이, 이곳은 쾌청한 기후의 도시이며, 나는 아직 그 최선의 아름다움을 경험하지 못했다.

콘스탄티노플의 볼거리는 세 가지이다. 성 소피아의 모스크, 술탄의 보고寶庫, 그리고 술탄이 자신의 개인 모스크로 기도를 드리기 위해 가는 행렬이다. 술탄의 개인 모스크는 그 궁전에서 수백 피트 넘지 않은 아주 가까운 곳에 위치해 있다. 매주 금요일 황제는 말을 타고 이곳을 지나다니며, 일년에 한 번씩 성소피아 모스크로 나들이를 한다. 이런 정도의 외출로 그는 족하고, 다른 어떤 경우에도 그는 민중들에게 자신을 드러내거나 궁전을 떠나는 일이 없다. 이런 것이 유럽, 아시아, 아프리카 많은 나라들의 한 군주, 이슬람 종교의 우두머리가 되는 것이다. 당신의 조상들에 의해 정복된 민족과 땅의 통치자들은 카이로에 있는 당나귀 — 소년이나 보스포로스의 소형 범선의 소유주보다 보기 어렵다. 우리는 대학시절 다음과 같이 노래하곤 한다.

"술탄은 나를 더 즐겁게 해.
그의 삶은 환락으로 가득하지."

갖가지 형태로 늘 암살의 위협에 노출되어 있다고 믿는 가진 자의 삶의 환락은 자못 소름끼치는 것이다.

콘스탄티노플(이스탄불)의 골든혼(금각강)입구

술탄의 모스크 방문 행사가 공지되고, 당신이 셀람릭 궁전 입장표를 얻고 술탄의 손님이 된다고 해도 오페라를 볼 때처럼 안경을 지참할 필요는 없겠다. 그럼에도 그것은 연극 공연 같은 성격이 아주 강하다. 모스크는 넓은 거리 한편에 있고, 관중이 앉아 있는 집들은 관람석의 청중들처럼 다른편에 있다. 거리 한쪽 끝은 큰 광장으로 막혀 있고, 다른쪽은 술탄이 등장하는 궁전 문으로 이어진다. 그 거리는 100야드를 넘지 않는다. 음악공연단이 먼저 이 광장으로 들어서서 의식을 위한 서곡을 연주한다. 악사들은 말을 타고 그 뒤로 흰말을 탄 기병들이 2

열로 늘어서서 제각기 (갑옷 가슴받이의) 창받침에 붉은기를 단 창을 소지하고 있다. 수천을 헤아리는 이들은 끝없는 초원에 전신주처럼 늘어서고 그들의 진홍빛 깃발은 숲의 가을 낙엽처럼 매서운 동풍에 나부끼며 바스락거린다. 단역 배우들이 "우리들의 것"에서 그러는 것처럼, 그들이 광장을 돌고 다시 여러 번 되풀이할 것이라고 당신은 생각하게 된다. 그때 말들은 검은색이 되고 사람들의 외투는 회색에서 청색으로 변하며, 더 많은 진홍 깃발은 궁전으로 향하는 거리를 따라 아치 장막帳幕처럼 늘어서며, 마침내 너른 광장을 꽉 채우고 4천의 부대끼는 말들과 4천의 진홍 깃발로 동요하는 한 덩어리가 되어 꿈틀거리는 가운데 그곳에 멈추어 선다. 그러면 더 많은 밴드(악대), 고수(鼓手 북 치는 사람), 나팔수들이 도시의 각 구석으로부터 나오고, 연대들이 연이어 궁전이 있는 언덕으로 떼지어 나아가며, 한 악대의 곡조가 다른 악대의 곡조에 겹쳐 이어지는 것이, 마치 본국(내 나라)의 정치적 시위 때 궁전을 향하는 모든 발걸음이 무장군인들에 의해 곳곳에서 폐쇄당할 때와 같으며, 당신은 메디슨 광장의 1/5이 채 안 되는 공간을 채운 5천의 총검 끝을 내려다보게 된다. 이런 광경을 구경하는 것은 대중이 아니라, 자신들의 종교의 수장을 일견하기 위해 메카로 가는 도중에 걸음을 멈추는 신도들, 그리고 황제를 배알하도록 청을 넣어 군인들의 행렬 안으로 들어오도록 허락을 받은 소수의 여인들이다.

그러나 파샤(터키의 고관)와 지방장관, 또 다른 고관들은 항시 의식에 참가한다. 이것은 버킹엄 궁전의 응접실, 혹은 성 제임즈의 접견실 같은 것으로 모든 이가 열일을 제치고 여기에 참석한다. 스무 개 마차를 가진 스무 사람이 갑자기 주아브(프랑스 병사)와 선원들 막사에 나타나

다다넬스 해협(왼쪽이 아시아 대륙, 가까운 곳에 고대 트로이가 있다.)

서 술탄이 지나가게 될 50야드의 길에 부드러운 자갈을 깐다. 그들을 보면서 당신은 말발굽이 찢어 놓은 링(경기장) 위로 톱밥을 뿌리는 서커스 단원을 연상하게 된다. 그런 다음, 9천 명의 군인, 수천 명의 더 근엄한 자들, 외교관, 구경꾼들 위로 푸른 터번을 쓴 한 사제가 미나렛 꼭대기에서 큰 소리를 낸다. 그 목소리는 아주 아름다운 고함, 외침으로 힘 있고 달콤한 테너로서 형언하기 어려울 만큼 기묘하고 슬프고 인상적이다. 그러면 완만하고 분명하게 사람 말소리 같은 나팔소리가 응답을 하고, 일정한 음조를 따라 9천 명의 군인이 한꺼번에 경례를 한다. 그 정확성과 일체성이 너무 일사불란하여 당신은 약간의 잡음만 제외한다면, 한 사람이 총을 움직이는 것 같은 생각이 들 것이다. 사제

콘스탄티노플(아스탄불). 왼편에 아기아소피아, 오른편에 모스크가 보인다.

의 목소리가 다시 들리고, 금관악기의 우렁찬 선율이 화답을 하면, 궁전의 문은 열리고 말 두 필과 금색 옷을 입은 하인이 끄는 수레를 둘러싼 장교, 제후, 파샤(터키의 고관)들의 찬란한 행렬이 넓은 거리로 빠져나온다. 그러면 군인들은 "술탄 만세"를 세 번 외친다. 그 소리는 예포 소리 같고, 환호의 느낌이 묻어난다. 술탄은 무개마차無蓋馬車 뒤편에 앉았는데, 가냘프고 피곤해 보이며 창백한 얼굴에 검은 턱수염을 하고 있다. 그는 모피 외투와 터키모자(붉은색으로 검은술이 달림)를 쓰고 있다. 그가 지나가면 휘하 군대 병사들 — 남자들 — 이 그에게 경례를 하고, 베일(천)로 가린 여인들은 그들 뒤에 발끝으로 딛고 서서 성원을 보낸다. 그러면 파샤와 시종과 내각 관료들은 몸을 굽히면서 손을 가슴, 입술, 이마에 갖다 댄 다음 다시 무릎에 댄다. 메카로 가는 순례자들이 얼굴을 묻고 엎드리면, 술탄은 머리를 숙이고 그의 손을 터키모자에 댄다. 그 맞은편에 오스만 파샤가 앉아있다. 최근 마지막 전쟁의 영웅이며 세계 가장 위대한 장군 중의 한 사람인 그의 어깨가 네모로 벌어지고 가슴에는 별들로 덮여 있으며 그 예리한 눈은 창백한 그 주군(황제)의 얼굴에서 저 병사들의 태양에 그을리고 단련된 모습에 이르기까지 훑어 내린다.

술탄은 반 시간 정도 모스크에 머물고, 궁전으로 돌아가는 길에는 스스로 랜도(앞뒤 포장을 따로따로 개폐할 수 있는 사륜 마차의 일종)를 몬다. 내가 떼 지어 다니는 터키 군인을 본 것은 이번이 처음이고, 그는 지중해 해안을 쭉 따라오면서 내가 본 적이 있는 다른 여느 군인들보다 더 내게 감명을 주었다. 나는 지브롤터 암벽에서 가상의 공격을 격퇴하는 영국 군인들, 또 이집트를 점령한 군대의 반이 카이로 주변의 모래 언덕에서 가상의 적을 구축하는 것을 본 적이 있고, 또 프랑스, 이탈리아, 그리스 군인들이 더 적은 규모로 더 소규모 작전을 펴는 것을 본 적이 있다. 그러나 내 생각에, 이들 중 어느 누구도 터키인들 같은 골격, 거동, 거칠지만 순발력 있는 모습을 갖추지 못한 것 같다. 나는 알제리의 프랑스 군인(주아브)들을 그 다음 순서로 꼽는데, 그것은 아마도 제복이 비슷하기 때문일 수도 있다. 그러나 그날 아침 술탄의 군인들이 이국의 음악에 맞추어 언덕을 행진해 올라가는 소리를 듣고, 또 햇빛으로부터 한번도 가려진 적이 없는 것, 문명화된 바지를 한번도 입어보지 않은 다리의 동작과 진동을 보면서, 나는 역사에서 유명한 몇 가지 전투, 그리고 루디야르드 키플링Rudyard Kipling이 전선에서

러시아인들에게 찬사를 보낸 비교적 최근의 시구를 기억해냈다.

"블루버드(푸른새) 씨에게 미안해,
그를 고통스럽게 한 것이 미안해.
그러나 지옥의 잔치는
반드시 있으리니
그가 다시 돌아올 때면."

동양인(황제)은 반푼수 부류에 속하는 사람이다. 그는 멋진 군대를 가지고 있으나, 그 해군 부대는 수년동안 황금각(골든 혼)을 떠난 적이 없으며, 떠날 수 있는지조차 의심스럽다. 그의 궁전 성벽은 모자이크와 화려한 채색 타일로 되어있고, 지붕은 색 바랜 주석이다. 그 아들들은 효과가 의심스러우나 값비싼 파리의 교육을 받는 반면, 그 딸들은 하인의 호위 없이는 외출을 하지 못한다. 딸들은 모든 경찰이 자신들을 염탐하고 있고, 경찰이 그들의 비행을 찾기만 한다면 상을 받고 진급하게 된다는 것을 알고 있다. 이러니, 술탄의 보물이 더러운 유리상자 안에 쌓여서 아이가 지난해 장난감을 대하듯이 무관심 속에 버려져 있다고 해도 당신은 놀랄 것이 없다.

철자물쇠로 잠그고 영국 근위병들이 지키는 (영국 런던의) '탑'에 보관된 채 왕관, 보석들과 제복들은 유리상자 안에 먼지가 덮인 채 프록코트(예복)를 입은 근엄한 모습의 장교들이 지키는 술탄의 보석 절반 만큼한 매력도 없다. 다른 군주들이 보낸 선물과 술탄의 호의를 얻으려고 군소 귀족들이 바친 예물들, 전쟁 세대의 온갖 무기들과 전리품들이, 파이프 걸이에 기울이는 관심보다 더 소홀하게, 이 보고寶庫에 함께 쌓여있다. 이것은 괄목할 만한 진열품이며, 오래 익숙해진 탓에 그 부에 주어지는 동양적 무관심이라는 점에서 경이롭다. 황제들의 청동 흉상들, 보석이 박힌 칼, 황제들의 칙서, 자동전축, 권총 집, 강철이 아닌 금으로 된 무기들, 보석, 은제 의복함들이 먼지 덮인 선반에 정돈되지 않은 채 아무렇게나 함께 쌓여 있는 것이다. 이곳에서 당신은 중국제 쟁반 위에 놓인 한 움큼만한 크기의 자르지 않은 보석, 혹은 불쏘시개처럼 한 구석에 내버려진 여러 다스(12개 1조)의 금제, 은제 권총을 볼 수 있다. 그리고 무엇보다 괄목할 만한 전시품은 죽은 술탄이 입던 거대한 옷으로, 이것은 보석, 보석이 박힌 칼, 혁대, 그들이 달고 다녔던 기장(記章, 징표)들을 수반한 채, 마치 박재된 새나 바위 표본의 행렬같이 열을 지어 유리 상자 안 인형에게 입혀져 있다. 이들 형상 가운데 한 터번에서 여인의 엄지만한 진주들, 또 달걀 크기만큼 한 에메랄드와 루비, 그리고 줄로 엮인 다이아몬드가 나왔다. 이것은 아라비안나이트에 나오는 이야기같이 들리지만, 실로 이들은 아라비안나이트의 영웅들, 아프리카의 북부 연안 전체와 아시아를 소유했으며, 또 우리가 교육과 철도에 투입하는 것을 과시와 장식에 소비했던 술탄들이다.

현재 술탄인 압둘하미드 2세는 그 전임자들과 다른 점이 있는데, 그것은 그가 우리와 마찬가지로 돈을 교육과 철로에 쓰고 그것이 수반하는 모든 점에서 그러하다. 종교와 제국의 수장으로서 그는 사람들 앞에 너무 자주 나타남으로써 스스로를 격하시키지는 않겠지만, 그의 관심은 아주 확대된 그 자신의 한계까지도 극복하여 확산되고 그의 돈은 존스타운의 피난민과 잔테(자킨토스)와 코르푸의 지진 희생자들처럼 불행을 당한 사람들에게 쓰인다. 더구나 그의 후원은 자신이 반대하는 종교지만 그의 나라에 전파하러 들어오는 미국인 선교사들에게까지도 확대된다. 내가 콘스탄티노플에 있었을 때 그는 두 가지 선물을 보내면서 바깥 세계에 대한 그의 다양한 관심을 표했다. 러시아의 차르에게 그는 자신의 해군 사진을 담은 책을 보냈고, 러시아의 야망에 대한 가혹하리만치 익살스러운 이런 답례와는 대조적으로 그는 우리 정부에 금과 다이아몬드로 된 문장을 보내왔는데, 그 도안(디자인)과 새김글은 이 대륙의 발견을 기리는 것이었고 그 실질가격은 수천 달러 상당이었다. 내가 보기에, 그는 우리나라 국경일에 사적 관심을 보인 유일한 군주였고, 그가 보낸 선물은 그야말로 콜럼비아 박람회에서 정부의 아주 독특한 전시물 가운데 하나였다.

성소피아 모스크는 당신이 콘스탄티노플에서 제일 먼저 안내되는 대상 중의 하나이다. 이것은, 유스티니아누스가 지어 올린 것이며 거대한 건물 군데군데 여전히 십자가가 보이지만, 성 베드로가 신실한 카톨릭 교도에게 갖는 것과 같은 의미를 무슬림에게 갖는다. 일년에 세 번이 모스크는 안팎으로 등불을 밝히고 모든 신실한 무슬림만이 그곳 예배에 참가한다.

무함마드의 종교에는 아주 굉장한 것이 있다. 그들이 믿는 것이 무엇인지 당신이 알든 모르든 간에, 그 신도들의 믿음을 이해하기 위해서 그에 관한 많은 것을 알아야할 필요는 없다. 코란에 있는 그들을 위한 규칙을 적어도 겉으로 지키는 것에서, 그들은 위대한 가르침을 이어가는 신실함을 보여준다. 하루 어느 시간이나 어느 곳에서나 그들이 신앙을 실천하는 것을 볼 수 있다. 군인은 조금 전까지만 해도 연대를 위해 음악을 연주하던 연주대에서 무릎을 꿇고는 2천 명의 관객 앞에서 기도를 할 것이다. 그리고 나는 오리엔트 특급열차에서 내 트렁크를 돌려받는 데 곤란을 겪는다. 짐꾼이 붐비고 소란스러운 플랫폼(승강단) 한쪽 끝에서 동쪽을 향해 절을 하고 있었기 때문이다. 일년에 한 번 라마단이 되면 그들은 금식을 한다. 그때 내가 동방의 나라에 있었으므로 그들이 엄격하게 금식하는 것을 알고 있다. 라마단은 카이로 근처한 샘에 달이 비칠 때 이집트에서 시작된다. 두 사람이 이 샘을 보고 있다가 그 수면에 새 달이 비치는 것을 보면 카이로로 달려가서 소식을 고하는 것으로 라마단이 시작되는 것이다. 이륜마차와 전등, 달력과 연감을 들고, 수백 년 전과 마찬가지로 달이 다시 같은 곳에 이르렀다는 사실을 알리기 위해 카이로의 거리를 내닫는 이 사람들의 모습만큼 동방이 갖는 항상성과 그 관습을 잘 보여 주는 것은 없다. 그러면 신도들은 금식하고 기도해야만 한다.

라마단이 끝나 갈 무렵 어느 날, 나는 성소피아의 입구로 가서 그 미나렛 가운데 한 곳 나선식 계단으로 안내되었다. 미나렛의 탑은 너무 넓고 높아서 그 안의 계단은 층계로 되어 있지 않고 도로와 같이 완만하게 포장되어 있다. 10분 정도 올라간 다음 커다란 방으로 들어서서는 수천의 터번을 두른 사람들이 밀집하여 보병처럼 긴 열을 지운 채 절을 하고 무릎을 굽혔다가 다시 일어서는 것을 내려다볼 수 있다. 이 신도들과 우리들 사이에는 50개의 원을 이루며 타오르는 촛불이 사슬에 묶여서 우리와 저 아래 있는 사람들 사이에 불이 붙어 연기나는 커튼같이 매달려 있었다. 사제의 목소리는 고음의 신비한 외침으로 들리고, 얼굴과 팔을 앞으로 하고 엎드린 수천 명의 사람들의 소리는 해안에 부딪히는 파도 소리 같았다. 바깥 미나렛의 꼭대기는 끈이 달린 불빛과 등으로 둘러져 있었고, 끈의 양끝은 별로 된 목걸이같이 밤바람에 자유로이 이리저리 흔들렸다. 이것이 콘스탄티노플의 볼거리 가운데서 가장 아름다운 것이다. 사실이라기보다 의견이지만, 나는 콘스탄티노플이 가진 최고의 것이 공중에 있는 이런 부분이라고 생각한다.

이 마지막 장을 끝내기 전에, 나는 아직 지중해를 찾아온 적이 없지만 그럴 계획을 가진 독자들에게 두 가지 제안을 하고 싶다. 첫째, 여행은 고생이라는 생각에서 주저앉지 말라는 것이다. 지브롤터에서 아프리카 북부 연안을 온통 지나서 그리스와 이탈리아로 큰 어려움 없이 아주 편안하게 갈 수 있기 때문이다. 이는 마치 뉴욕에서 시카고로 여행을 하는 것과 같다. 둘째, 겨울이나 봄에 가야 한다면, '아틸리아의 스키'나 '푸른 지중해' 혹은 '보스포로스의 춤추는 바다'에 속아서 뉴욕에 있는 것보다 아프리카 북부 연안으로 가는 것이 더 따뜻하다고 생각하지 말라는 것이다. 얼음이 언 북해北海(노스리버, 허드슨강)를 떠날 때 입었던 것 같은 옷을 이탈리아에서 입었고, 또 '보스포로스의 춤추는 바다' 위에서 눈보라가 치는 것을 보았다. 물론 따뜻한 날도 있지만, 세상 어디서나 겨울에는 춥고 여름에는 덥다라는 전통의 명언을 따르는 것이 좋다. 이 사실을 피하려고 자신의 삶을 허비하는 사람은 죽음과 우편제도로부터 피해가려 하는 것과 같다. 적은 시간과 적은 돈으로 휴가를 보내려 하는 사람들에게 내가 권하고 싶은 것은 지브롤터로 가서 스페인과 모로코로 들어가라는 것이다. 이곳이 아마도 세 개의 너무나 다른 사람들이 공존하는 유일한 장소로서, 무어인, 영국 군인,

스페인인(사람) 등 생생한 세 개 민족을 두 시간 안에 함께 볼 수 있다.

모로코는 정치적 상황으로 아프리카 북부의 다른 지역보다 덜 발전했다. 그와 함께 스페인의 남부와 지브롤터 암벽의 남부 도시들은 몇백 달러의 비용으로 5~6주만에 구경할 수 있다. 이곳이 지중해에서 가장 매력 있는 지역인 것으로 나는 생각한다. 물론 그 주된 이유는 — 지중해 다른 편에 있는 아름다움이나 기념비, 역사적 의미 같은 것이 이곳에는 별로 없으므로 — 여행객이나 여행 안내서에 알려져 있지 않기 때문이다. 이곳이 아닌 지중해의 다른 곳으로 여행한다면 당신은 이미 다른 이들로부터 배운 것을 직접 확인하는 것에 불과하게 될 것이다.

| 옮긴이 후기 |

이 책의 원제는 『지중해의 지배자들(The Rulers of Mediterranean)』이나 한국어 번역본은 『19세기 지중해의 풍경』으로 제목을 바꾸었다. 약 100여 년 전인 19세기 후반 지중해에 대한 영국 제국주의 세력의 침투로 빚어진 정치적 상황뿐 아니라, 영국과 토착민 간의 상호 접촉이 문화적으로 미친 영향을 사실적으로 묘사하고 있기 때문이다.

저자 리처드 하딩 데이비스(Richard Harding Davis: 1864~1916)는 기자, 소설가, 희곡작가로 활동했고, 그 문학적 소양으로 문체가 유려하며 사물과 사건에 대한 접근 방식도 미세하고 감각적이다. 또 미국-스페인 전쟁(Spanish-American War), 제2차 보어전쟁, 제1차 세계대전에서 특파원으로 활약했다. 그는 전쟁의 현장을 취재하면서 국제 관계의 동향에 대해서 나름대로 식견을 갖추게 되었고, 테오도르 루즈벨트 대통령의 정치 고문으로도 활동했다. 문학적 재능과 현실 정치 감각이 어우러진 이 책은 저자가 생존했던 19세기말 지중해의 정치적 상황뿐 아니라 미세한 민중의 생활 감정에 이르기까지 생동하는 모습을 그대로 전하는 데 부족함이 없다.

그러나 무엇보다 이 책의 장점은 지중해의 각 지역이 갖는 역사적 전통, 즉 고대 이래의 유물, 유적, 토착인의 정서 등을 19세기 지중해의 무자비한 정치 현실에 섞어 풀어냄으로써, 인간사의 영욕을 한눈에 조망하는 듯한 느낌을 주는 것이다. 제국주의적 침략이 빚어내는 냉혹한 약육강식의 현실에 대해 저자는 한 발자국 뒤로 물러나서 약간은 냉소적으로 담담하고도 여유 있게 서술해 나간다. 치열한 현실을 한 폭의 그림을 펼치듯 승화된 모습으로 그려낸다.

차례에서 볼 수 있듯이, 이 책은 지중해 서쪽 끝 지브롤터에서 아프리카 북부를 따라 탕헤르, 카이로, 그리고 바다 건너 지중해 북쪽 연안에 위치한 아테네, 마지막으로 중세의 고도古都이며 터키의 수도로서 지중해 동부에 위치한 콘스탄티노플에 이르기까지 지중해의 주요 항구들을 아우른다.

그 내용은 미국 뉴욕을 출발한 여객선이 마침내 지중해의 지브롤터로 들어오고 거기서 각 항구들을 돌며 보이는 풍경과 느낌을 서정적으로 서술하는 것이다. 지브롤터 해협을 향해 가는 길에 맨 처음 보이는 육지는 화산의 산지인 아조레스 군도, 그 다음에 보이는 땅이 드디어 유럽의 일부인 포르투갈, 붉고 높은 언덕으로 되어있고 둥글고 하얀 탑 꼭대기에는 상징의 깃발들이 나부끼는 곳이다. 이어서 배는 지브롤터로 들어서는데, 이곳에 대한 저자의 묘사는 사뭇 인상적이다. 지중해로 들어가는 관문 지브롤터의 첫 인상은 별로이지만, 수 마일에 불과한 이 바위를 위해 강대국들이 1200년 동안 싸워 왔고, 양적 수적으로 많은 인력이 투입되었으며, 수많은 선박들이 대포에 의해 격침되었다. 밤하늘을 배경으로 하여 사라지는 별들을 제외하고는 별로 볼 것이 없는 검고 왜소하고 누추한 윤곽의 지브롤터가 해가 떠오름에 흉벽과 대포의 포문을 드러낼 즈음이면 유럽을 향해 웅크린 사자와 같은 인상으로 다가온다. 저자는 이곳을 영국이 자물쇠를 가지고 있는 '지중해의 열쇠'라고 표현한다. 지중해에 대한 영국 제국의 지배를 이보다 더 상징적으로 표현하기 힘들 것이다.

'지중해의 열쇠' 지브롤터에서 시작되는 지중해 항해는 저자가 '바다의 자물쇠'로 부르는 다다넬스 해협을 거쳐 그 동쪽 콘스탄티노플(이스탄불)에서 끝이 난다. '아시아의 성城'과 '유럽의 성城' 사이에 놓인 길고 좁은 다다넬스 해협을 밤새 통과하여 해뜰 무렵이 되면 콘스탄티노플에 닿는다. 아프리카 북부 지중해 연안은 물론 콘스탄티노플의 풍경도 현대 우리가 알고 있는 것과는 판이하다. 오스만 터키의 수도로서 19세기말 술탄이 지배하고 있던 콘스탄티노플은 현대와는 아주 다르게 고전적인 모습을 연출했다. 저자는 궁전에서 성소피아 사원으로 잠깐 나들이 하는 화려한 술탄의 행렬을 묘사하고, 그를 수행하는 터키 군인들의 골격, 거동, 거칠지만 순발력 있는 모습은 세상 어느 누구도 따라갈 수 없는 것이라고 평가한다. 또 라마단 때 미나렛의 꼭대기에 둘러져 있는 등불과 그 양 끝에 달려 목걸이 같이 밤바람에 이리저리 흔들리는 끈은 콘스탄티노플의 볼거리 가운데서 가장 아름다운 것이라고 한다.

20세기 이후 정치적 상황의 급변과 과학기술의 진전에 따라 인간의 삶의 모습이 판이해졌다. 『19세기 지중해의 풍경』은 불과 1세기만에 삶의 환경, 세상의 모습이 얼마나 달라졌는가를 실감하게 하는 작품이다. 저자는 이론과 이념으로 사회를 설명하는 역사가 아니라, 지중해의 지배자의 관행과 피지배자의 생활상을 살아 움직이는 풍경으로서 전개한다. 19세기뿐 아니라 먼 옛날 이집트 피라미드가 건조되던 기원전 약 3000년 이래로부터 이어지는 지중해 지배자들의 영광과 굴욕, 피지배자들의 신산한 삶과 질곡을 예리한 안목으로 재치 있게 지적한다. 짧지 않은 5000년 세월 지중해의 지배-피지배의 인간사를 거시적으로 훑어 내리면서 저자는 삶 자체의 덧없음을 시사하고 있으나, 그 문체는 시종일관 해학적 경쾌함을 담고 있어서 청량제와 같은 신선함을 선사하고 있다.

2014년 4월 29일

금정산 기슭에서

옮긴이를 대표하여 최자영

부록(원서 사진)

I

I장 첫머리에 놓인 도판

디트로이트 사람

만灣에서 바라본 지브롤터 바위

지블롤터의 사람 유형 1

지블롤터의 사람 유형 2

중립지대 건너편으로 보이는 지브롤터

영국인 보초(지브롤터)

스페인인 보초(지브롤터)

지브롤터 바위 정상 신호대

숲으로 은폐된 대포들(지브롤터)

장교 막사의 차(지브롤터)

성문에서 빵 파는 상인들(탕헤르)

성밖에 쓰레기를 버리는 위생국 직원(탕헤르)

탕헤르의 여인

가정집 현관에서 물 파는 장수(탕헤르)

거리의 춤꾼(탕헤르)

탕헤르의 감옥 내부

몰타의 행상인

몰타의 산타루치아 거리

브린디시 (이탈리아 남부 해안)

브린디시에 있는 케사르(시저)의 기둥

수에즈 운하를 통해 이스마일리아로 가는 길

수에즈 운하의 증기-준설기

IV

놋쇠 세공인 상점(카이로)

셰퍼드 호텔 앞 원주민 무리(카이로)

피라미드 앞에서 정렬한 영국 방진(方陣: 사각의 진)

케옵스 피라미드의 그림자
(일몰 전 그 정상에서 찍은 것)

피라미드의 한 부분

카이로에 닿기 전의 삼각돛 여객선

상이한 군복을 입은 이집트 보병

이집트 수상 리아즈 파샤

이집트 투창병

외무상 티그란 파샤

이집트 총독 H.H. 압바스 2세

이집트 낙타부대 대원

와디 할파를 순찰하는 낙타 부대(이집트)

노새 포병대의 총을 장착한 노새(이집트)

주駐 이집트 외교관 크로머경

실전에 임한 노새 포병대의 대포(이집트)

VI

(알바니아) 민족 의상을 입은 그리스 군인

그리스 농촌 여인

아테네 공과대학교

알바니아 농촌 여인1

알바니아 농촌 여인2

그리스 농부

아테네 거리의 알바니아 농부

오늘날(19세기) 아테네 노인

그리스 목동

VII

콘스탄티노플 전경

보스포로스에 있는 술탄 궁전 중의 하나

콘스탄티토플의 거리의 개

모스크로 가는 술탄을 앞장서 호위하는 기병대(콘스탄티노플)

성聖 소피아 사원의 외양

| 찾아보기 |

ㅌ

ㅍ

ㅎ

지은이와 옮긴이 소개

지은이 | **리챠드 하딩 데이비스(Richard Harding Davis, 1864~1916)**

데이비스는 1864년 4월 18일 미국 팬실베니아의 필라델피아에서 태어나 1916년 4월 11일 심장마비로 사망했다. 그 모친은 작가, 부친은 언론인이었다. 《Harper's Weekly》의 주필(managing editor)이었고, 《New York Herald》, 《The Times》, 《Scriber's Magazinc》 등의 기자로 활동했다. 남아프리카의 제2차 보어전쟁(the Second Boer War) 종군기자였으며, 미서전쟁(Spnaish-American War) 때 미 해군함정을 타고 산티아고 드 쿠바 전투(Battle of Santiago de Cuba) 중 쿠바의 만탄자스를 포격을 목격했다. 특파원으로 러일전쟁을 취재하면서 일본 측의 관점에서 활동했다. 또한 데이비스는 테오도르 루즈벨트 대통령과 친분이 있었고 특히 외교 분야에서 그 고문 역할을 했다. 1897년에 소설 『행운의 군인들 (Soldiers of Fortune)』을 발행하여 성공을 거두었고, 이 소설은 연극과 영화로도 상연되었다.

옮긴이 | **최자영**

최자영崔滋英은 경북대학교 사학과를 졸업하고 같은 대학교에서 석사학위를 받고 박사과정을 수료하였다. 그 후 그리스 국가장학생으로 이와니나 대학교 역사고고학과에서 「고대 아테네 아레오파고스의회」로 박사학위를 받았다. 저서로 『고대 아테네 정치제도사』(신서원, 1995, 문화체육부 역사부문 우수도서), 『그리스 문화와 기독교』(신서원, 2004), 『고대 그리스 법제사』(아카넷, 2007 대우학술총서 588:문화관광부 추천 우수학술도서), 역서로 『러시아 마지막 황제』(송원, 1995), 『고대 그리스 정치사료』[공역](신서원, 2003), 『송연이야기』(안티쿠스, 2008), 『변론』(안티쿠스, 2011), 『그리스 역사』(안티쿠스, 2012)

또 그리스의 저명한 현대문학가 안토니스 사마라키스의 작품을 번역한 『손톱자국』(그림글자, 2006), 논문으로는 「고전기 아테네 여성의 시민권과 사회적 지위」(『서양사론』90, 2006) 등이 있다. 현재 부산외국어대학교 조교수(지중해지역원 HK교수)로 있다.

옮긴이 | **최혜영**

경북대학교에서 학사, 석사학위를 받고 그리스 국가장학생으로 이와니나 대학교에서 「그리스 문화를 사랑한 4세기 때의 로마 황제 율리아누스」로 박사학위를 받았다. 에라스무스 프로그램에 추천되어 영국 런던 킹즈 칼리지에서 교환학생으로 수학했고, 미국 코넬대학교에서 방문교수로 근무하기도 하였다. 현재는 전남대학교 사학과 교수로 있다. 저서에는 《그리스 문명》(살림) 공저에는 《도시로 보는 유럽통합사》(책과함께), 《몸으로 역사를 읽다》(푸른 역사), 《서양고대사강의》(한울아카데미), 역서로 『고대 그리스 정치사료』[공역](신서원, 2003) 등이 있다.

옮긴이 | **임병필**

부산외국어대학교 아랍어과 졸업하고 한국외국어대학교 아랍문학 석 · 박사(현대 아랍 시 전공), 부산외국어대학교 지중해지역원 HK연구교수를 거쳐 현재는 명지대학교 중동문제연구소 HK연구교수로 있다. 저서에 『아랍시와 신화』(한국학술정보, 2006), 『현대 아랍시의 자유와 전통』(화남출판사, 2006), 『아랍인의 사랑』(한국학술정보, 2008), 『현대 아랍시의 정체성 찾기』(이담북스, 2013)가 있고, 공저로는 『아랍어와 아랍문화』(한국학술정보, 2007) 등이 있으며, 옮긴책으로는 『시촌들의 공화국』(부산외대출판부, 2004), 『걸프만의 이방인』(화남출판사, 2005), 『바람속의 잎새들』(화남출판사, 2007) 등이 있다.

옮긴이 | **장니나**

부산외국어대학교 프랑스어과를 졸업하고 동대학원에서 17세기 프랑스궁정문화 소설로 석사학위를 받은 뒤 프랑스 파리 III대학교와 VIII대학교에 수학하여 사회언어학 및 외국어로서의 프랑스어 교육학(F.L.E.) 박사학위를 받았다. 2007년 11월부터 부산외국어대학교 지중해지역원 HK연구교수로 재직 중이며 〈유네스코 2008 세계언어의 해 연구결과 보고회〉(프랑스 파리, 2009.2)와 〈교토 프랑스국제학술대회〉(일본 교토, 2009.4)에 초청받아 국제회의 참석 및 지정 토론 등을 수행하였다. 역서에 『지중해연합을 향한 로드맵』(북스페인, 2010), 『딸과 엄마:한 무슬림소녀의 명예살인에 대한 이야기』(시타델, 2013)가 있고, 『지중해의 신화』(이담북스, 2013) 등 몇 권의 공저가 있으며 학술논문으로 "Quelle place pour les études méditerranéennes en Corée?"(Synergies, 2011.11) 등이 있다.

19세기 지중해의 풍경

발행일 | 초판 1쇄 2014년 6월 30일

지은이 | 리처드 하딩 데이비스
옮긴이 | 최자영·최혜영·임병필·장니나
펴낸이 | 고진숙
펴낸곳 | 안티쿠스
책임편집 | 김종만
북디자인 | 배경태
CTP출력 | 상지사피앤비
인쇄·제본 | 상지사피앤비
물류 | 문화유통북스
출판등록 | 제 300-2010-58호(2010년 4월 21일)
주소 | 110-816 서울시 종로구 자하문로 266, 612호
구) 서울시 종로구 부암동 129-8 울트라타임730 오피스텔 612호
전화 | 02-379-8883, 723-1835
팩스 | 02-379-8874
이메일 | mbook2004@naver.com

값은 뒤표지에 있습니다.

ISBN 978-89-92801-32-4 03980

* 이 도서의 국립중앙도서관 출판시도서목록(CIP)은 서지정보유통지원시스템 홈페이지(http://seoji.nl.kr)와 국가자료공동목록시스템(http://www.nl.go.kr/kolisnet)에서 이용하실 수 있습니다(CIP제어번호:CIP2014017353).